새로운 물리학을 찾아서

현대물리학을 낳은 거장들의 이야기

from a Life of Physics

H. A. BETHE
P. A. M. DIRAC
W. HEISENBERG
E. P. WIGNER
O. KLEIN
L. D. LANDAU
(by E. M. Lifshitz)

박성균 · 이경수 옮김

 북스힐

옮긴이
머리글

이 책의 내용은 "International Symposium on Contemporary Physics"라는 주제로 International Centre for Theoretical Physics(ICTP, 국제 이론 물리학 센터; Trieste, Italy)에서 1968년 6월 7일~29일 기간에 개최된 학술 대토론회[1]의 일환으로 열렸던 기념 강연 "from a life of physics"를 엮은 것이다.[2] 현대 물리학의 전반적인 스펙트럼을 되돌아 보고, 다양한 주제들에 대한 거장들의 식견을 공유하기 위한 이 기념 강연에서는 '현대물리학'[3]의 개

---

1 Proceedings of the International Symposium on Contemporary Physics, Trieste, Italy (IAEA Vienna, 1969); IAEA Bulletin Vol 10, No 4 (1968) 참조.

2 기념 강연 내용(IAEA 공보 특별 부록, 1969)은 "from a life of physics"(ISBN-10: 9971-50-937-7)라는 표제로 World Scientific Publishing에서 1989년 2월에 출판됨.

3 '현대물리학'이란 양자역학과 Einstein의 상대성 이론이라는 두 개의 갈래로 이루어져 20세기에 크게 발전한 물리학을 일컬으며, 흔히 '20세기 물리학'이라고도 부름.

척에 직접 참여한 5명의 노벨 물리학상 수상자(Hans Bethe, Paul Dirac, Werner Heisenberg, Eugene Wigner, Lev Landau[4])와 1명의 노벨 위원회 위원(Oscar Klein)이 발표하였으며, 낯선 난제들을 정립한 이들 이론 물리학 거장들의 직접 증언들을 들을 수 있다. 자칫 역사 속에 묻혀질 수도 있을 위대한 혜안의 기준틀(frame of reference)들이 이전에 경험해 보지 못한 생소한 오늘의 삶을 엮어 나가는 미래의 주역들에게도 공유될 수 있기를 기대하면서 그 발표 내용을 우리말로 옮긴다.

19세기를 마무리할 무렵 물리학계에는 매우 고무적인 일들이 일어난다. 1873년에 Maxwell은 근대 문명과 함께 독자적인 영역으로 각각 자리 잡아온 전기 현상(electricity)과 자기 현상(magnetism)을 포괄하는 통합된 전자기학(electromagnetism) 이론을 제시한다. 1887년에는 Hertz, Helmholtz 등이 Maxwell의 전자기 파동(electromagnetic wave)에 대한 이론적 예측을 실험실에서 실현해 보인다. 이처럼 모든 것이 '잘 풀리면서' 지난 세기를 정돈하고 새로운 세기를 맞을 준비를 하는 듯했다. 당대 물리학의 권위자였던 영국의 Kelvin 경(William Thomson; 1824-1907)은 "물리학 분야에서 더 이상 새롭게 발견될 것은 없으며, 이제 남은 것은 정밀도를 좀더 높여 가면서 측정해 보는 일뿐이다."(There is nothing new to be discovered in physics now. All that remains is more and more precise measurement.; Lord Kelvin, 1900)라고 '물리학의 막다름'을 예단한 것으로 전해진다. 그러나, 새로운 세기가 열리면서 물리학에는 대 폭풍우가 내리친다. 1900년 Max Planck는 그때(1850년대~)까지 미궁에 빠져있던 전자기 열복사(thermal

---

4 Lev Landau의 제자 Eugene Lifshitz가 강연함.

electromagnetic radiation)—흑체 복사(black-body radiation)[5]—를 수식적으로 이해하기 위하여 에너지 양자화 가설(quantization hypothesis)[6]을 제시한다. 5년 후인 1905년에 Einstein은 Planck의 양자 가설을 써서 당시(1830년대~)에 메커니즘이 이해되지 않았던 실험현상인 광전효과(photoelectric effect)[7]를 바르게 해석하고, 같은 해에 특수 상대성 이론(special relativity)을 발표함으로써 '전혀 새로운 물리학'의 기반을 놓는다.

이처럼 '현대물리학'—양자역학(quantum mechanics)과 상대성 이론(relativity)—은 물질과 에너지에 대한 일대 혁신적인 개념의 등장과 함께 전개되면서 모든 이를 긴장시킨다. 현대의 과학자들뿐만 아니라 21세기를 살아가는 현대인의 삶은 물질과 에너지에 대한 새로운 통찰력과 무관할 수 없는 상태라 할 수 있겠다. 앞에 언급한 폭풍 전야의 세기말 상황에 대한 Kelvin 경의 예단은 "고전물리학"(classical physics)[8]의 막다름을 이야기한 듯하다.

---

5 흑체(black body)는 외부에서 비추어진 전자기 복사(electromagnetic radiation)를 모두 흡수하는 이상적인 물체이다. 특정한 온도 상태에 있는 흑체는 그 온도에 독특한 전자기 복사를 밖으로 내보낸다. 이때 물체에서 방출되는 전자기파를 전자기 열복사(thermal radiation) 또는 흑체복사라 일컬음.

6 특정한 물리적 현상에 대한 물리적 특성이 "양자화"될 수 있다는 기본 개념을 "양자화 가설"이라 하며, 이것은 그 물리적 특성을 나타내는 물리량이 어떤 '기본되는 양'의 배수들로 이루어진 띄엄띄엄 된 값만 취할 수 있음을 의미함. 이때 '기본되는 양'을 '양자'量子(quantum)라 일컬음. 예를 들자면, 모든 대전된 물체가 띠는 전하량은 양자화되어 있으며, 그때의 '양자'는 기본 입자인 전자의 전하량($e \cong -1.6 \times 10^{-19}$ 쿨롱)임.

7 광전효과란 깨끗한 금속의 표면에 특정한 진동수보다 큰 진동수를 가진 빛을 쪼이면 그 표면에서 전자(electron)가 방출되는 현상. 이 때 방출된 전자를 광전자(photoelectron)라 부름.

8 '고전물리학'이란 상대성 이론과 양자역학이 대두하는 20세기 이전에 그 체계가 확립된 물리학을 일컬음.

옮긴이 중 한 명(ksyi)은 1988년에 ICTP에서 주관한 "The spring college in condensed matter on the interaction of atoms and molecules with solid surfaces"(April 25~June 17)에 방문 연구자로 참가하였으며, 그 후 30여년 동안 ICTP와의 인연을 이어왔다. 당시 ICTP의 소장이었던 Abdus Salam 박사(1979년 노벨 물리학상 수상)는 '진리에는 국경이 없으며, 그런 의미에서 과학은 본래 국제적인 공동 가치'라는 그의 혜안을 바탕으로 물리학뿐만 아니라 그 밖의 기초 및 첨단 응용 과학 분야를 포괄하는 쪽으로 그곳 연구소의 역할 확장을 진지하게 구상하고 있었다.(아래 머리말 참조) 그는 당시에 한국의 발전 경험을 그의 계획 실현에 참고하고자 하는 강한 의지를 옮긴이에게 개인적으로 진지하게 피력했던 일이 기억난다.

본문의 내용을 우리말로 옮기면서 본문의 고유한 이름들은 원문의 표현을 따르려 했으며, 전문성이 보이는 학술 용어는 한국물리학회의 「물리학용어집」을 참조하여 원어와 함께 나란히 나타냈다. 또한 본문에 대한 읽는 이들의 이해를 돕고자 필요할 만한 곳에는 옮긴이의 마음대로 각주를 첨가했다. 우리말 번역서가 예쁜 모습으로 나오도록 애쓰신 ㈜ 도서출판 북스힐의 조승식 대표와 그 편집·제작팀의 노고에 감사한다. 또한 번역 집필 작업이 이루어지도록 자료실을 개방하고 환대한 부산대학교 「핵과학연구소」 부설 방사능 분석센터 박정남 팀장께도 고마운 마음을 전한다.

2022년 2월
박성균 psk@pusan.ac.kr
이경수 ksyi@pusan.ac.kr

머리말

21년이 지남

어느 덧 현대물리학의 태동과 함께하신 분들의 삶에 대한 강연회가 조직된 지 거의 21년이 지났으며, 그 강연들은 여기에 덧붙인 책에 다시 인쇄되어 있습니다. 저에게 무엇보다 먼저 떠오르는 감회는 그 당시에 강의를 하셨으나 지금은 이미 여러분들이 우리 곁을 떠나신 데 대한 슬픔입니다. Werner Heisenberg, Oscar Klein, Paul Adrian Maurice Dirac, 그리고 Eugene M. Lifshitz 교수님이 떠나셨습니다.

다행스럽게도 Hans Bethe 교수님과 Eugene Wigner 교수님께서는 우리들과 함께하고 계십니다. 두 분께서는 과거에 늘 그래왔던 것처럼 앞으로도 우리들에게 영감을 주실 수 있도록 매우 오래도록 활동적인 삶을 사시기를 소망합니다.

이 강연회는 물리학의 전반적인 주제를 검토하기 위해 한 달 동안 열린 「현대 물리학 학술대회」의 맥락 안에서 이루어졌습니다. 주제를 창출하신

분들에게 물리학과 함께한 자신들의 삶에 대하여 이야기하고, 또한 그분들이 아직 해결되지 않은 채 남아 있다고 여기는 문제들의 열거를 부탁드리는 것은 매우 자연스러운 일이었습니다.

그 범주에 속하는 문제들 중 하나는 양자역학(quantum mechanics)의 해석에 관한 것입니다.—개별 입자에 대해서뿐만 아니라 우주 전체에 대한 해석입니다. 반면에, 몇 가지 문제들—특히 Dirac의 주요 걱정거리였던 무한대 문제—은 잡종 초끈(heterotic superstring)에 의해 적어도 10차원에서는 일종의 해결점에 가까워진 것처럼 보입니다. 기본 입자 물리학(fundamental particle physics)은 근본 힘들(fundamental forces)의 통일과 관련된 다른 방향으로 전개되면서, 전기-약(핵)력 통일(electroweak unification) 모형으로, 그리고 나아가서 대통일 이론들(grand unification theories)로 이어지며, '모든 것의 이론'(theories of everything)이 될 조짐을 보이는 초끈들(superstrings)로 절정에 이릅니다. 초기 우주의 상전이(phase transitions) 과정이 우리에게 알리는 통합(synthesis) 과정과 함께 입자 물리학(particle physics)의 표준 모형(standard model)과 초기 우주론(early cosmology)이 수렴하여 이제 우리는 두 가지 개별 학문 분야가 아니라 단일 과학적 학문 분야만을 가지게 된 듯합니다. 물론, 또 다른 새로운 문제들이 대두되고 있습니다. 예를 들어, 현 단계에서는 이해하기 힘든 주제인 고온 초전도(high-temperature superconductivity) 현상입니다. 대규모 우주론(large scale cosmology)과 암흑 물질(dark matter)도 해결되지 않은 또 다른 현안들입니다.

그러나, 물리학의 사조思潮에 더욱 두드러진 변화는 없는지 저는 사뭇 궁금합니다. 이곳 국제 이론 물리학 센터(International Centre for Theoretical

Physics)[1]에서는 최근에 개발 국면에서 강조되고 있는 물리학의 역할이 특별히 민감하게 느껴집니다.[2] 사실, 우리는 현재의 국제 이론 물리학 센터와 아주 유사한 3개의 새로운 센터를 설치할 것을 고려하고 있습니다. 이 새로운 센터는 특히 개발 도상국의 요구에 부응할 것이며 1) 국제 첨단 기술 및 신물질 센터(International Centre for High Technology and New Materials), 2) 국제 지구 과학 및 환경 센터(International Centre for Earth Sciences and the Environment), 3) 국제 순수 및 응용 화학 센터(International Centre for Chemistry, Pure and Applied)로 구성될 것입니다. 현재의 센터와는 달리, 이 새로운 센터들은 실험적인 연구와 실습도 수행할 것입니다. 기존의 센터와 새 센터들로 구성된 전체 단지는 '국제 과학 센터'(International Centre for Science)라고 불릴 것입니다.

저는 새로 들어설 국제 과학 센터가 주관하는 학술회의가 기초과학 쪽으로만 치우치지 않을지 염려되기도 합니다. 이는 물리학계의 위대한 인물들에 대한 감사와 찬사의 느낌이 1968년 당시처럼 지금도 우리들 사이에 남아있기 때문입니다.

이러한 맥락에서 Singapore에 있는 World Scientific Publishing의 후원으로 이 책이 재인쇄되는 점에 대한 적절성이 분명해집니다. Singapore는 최근까지도 개발 도상국이었으나, 자체적인 노력을 통해 현대 과학기술을 목적지향적으로 활용함으로써 이제는 또다른 지위를 이룩했습니다. 이 강

---

1 International Centre for Theoretical Physics(ICTP), Abdus Salam 박사가 1964년 이탈리아의 Trieste시 근교에 설립하였으며 이탈리아 정부, UNESCO, 그리고 IAEA에서 공동으로 운영하는 물리 및 수리 과학 분야 국제연구소; http://www.ictp.it/.

2 사회, 경제 분야의 발전에 물리학이 기여할 수 있는 역할.

연집을 개정해야 한다고 역설하신 K.K. Phua 교수님께 감사드립니다.

Abdus Salam[3]

Trieste에서

1989년 2월 16일

---

3   Mohammad Abdus Salam(1926-1996), 파키스탄 출신 이론 물리학자. 전기·약 작용 통일 이론(electroweak unification theory)으로 Sheldon Glashow 및 Steven Weinberg와 공동으로 1979년 노벨 물리학상 수상.

차례

옮긴이 머리글 ⋯⋯⋯⋯⋯⋯⋯⋯⋯⋯⋯⋯⋯⋯⋯⋯⋯⋯⋯⋯⋯⋯⋯⋯⋯⋯⋯⋯ 3

머리말: 21년이 지남 Twenty-one Years After
● Abdus Salam(1926–1996) ⋯⋯⋯⋯⋯⋯⋯⋯⋯⋯⋯⋯⋯⋯⋯⋯⋯ 7

지구와 항성들의 에너지 Energy on Earth and in the Stars
● H. A. Bethe(1906–2005) ⋯⋯⋯⋯⋯⋯⋯⋯⋯⋯⋯⋯⋯⋯⋯⋯ 12

이론 물리학의 연구 방법들 Methods in Theoretical Physics
● P. A. M. Dirac(1902–1984) ⋯⋯⋯⋯⋯⋯⋯⋯⋯⋯⋯⋯⋯⋯⋯ 42

이론, 비평, 그리고 철학 Theory, Criticism, and a Philosophy
● W. Heisenberg(1901–1976) ⋯⋯⋯⋯⋯⋯⋯⋯⋯⋯⋯⋯⋯⋯ 60

과학자와 사회 The Scientist and Society
● E. P. Wigner(1902–1995) ⋯⋯⋯⋯⋯⋯⋯⋯⋯⋯⋯⋯⋯⋯⋯ 97

내 물리학 생애에서 From My Life of Physics
● O. Klein(1894–1977) ⋯⋯⋯⋯⋯⋯⋯⋯⋯⋯⋯⋯⋯⋯⋯⋯⋯ 112

위대한 과학자이면서 교육자인 Landau Landau—Great Scientist and Teacher
● E. M. Lifshitz(1915–1985) ⋯⋯⋯⋯⋯⋯⋯⋯⋯⋯⋯⋯⋯⋯ 135

찾아보기 ⋯⋯⋯⋯⋯⋯⋯⋯⋯⋯⋯⋯⋯⋯⋯⋯⋯⋯⋯⋯⋯⋯⋯⋯⋯⋯⋯⋯⋯ 147

지구와 항성들의 에너지

ENERGY ON EARTH AND IN THE STARS

Hans A. Bethe[1]

Salam 교수는 일련의 강연회를 다음과 같이 개회함:

현재 진행 중인 심포지엄의 목적 중 하나는, 우리가 착상해 낸 바와 같이,
여기에 있는 많은 사람들 사이에서 세대 차이를 연결하려고 노력하는 것
이었습니다. 이번 주제를 창출하여 우리들 모두가 멀리서 존경해 온 분들
을 더 가까이 모시기 위해서 입니다. 그래서 '물리학의 삶'(Life of Physics)
시리즈는 본 심포지엄과 동시에 진행되도록 고안되었습니다. 이 강연 시리
즈는 우리 학계 원로(Grand Old Man)들 중 몇 분께서 창의적인 위업을 이
루어 내는 데 도움 준 물리학 배경을 자신들의 활동을 통해 예시하면서 우
리에게 전달하는 기회를 제공합니다. 우리의 첫 번째 연사로 예정되었던

---

1   Hans Albrecht Bethe(1906-2005), 독일 태생 미국 핵물리학자. 원자핵 반응 이론에의 공헌,
     특히 별의 내부에서의 에너지 생성에 관한 발견 공로로 1967년 노벨 물리학상 수상.

Weisskopf[2] 교수께서 질환으로 인해 오실 수 없게 되어 안타깝습니다. 사실은 그래서 연속 강연의 시작이 늦어졌습니다.

오늘 저녁에 우리는 Hans Bethe 교수를 환영하는 특권과 영광을 누리고 있습니다. 그리고 Robert Marshak[3] 교수께서 친절하게도 강연의 사회를 맡는 데 동의했습니다. Marshak 교수는 Trieste에 낯선 분이 아닙니다. Marshak 교수는 1963년 본 센터의 장소로 다른 장소보다 Trieste를 우선적으로 선택한 세 명의 현명한 사람 중 한 명이었습니다. Marshak 교수 외에 Van Hove 교수와 Tiomno 교수로 구성된 그의 위원회가 결정한 현명한 선택에 대하여 여러분 모두는 동의할 것입니다. Marshak 교수께서는 본 센터의 과학위원회 위원이기도 합니다.

R. E. Marshak:

Hans Bethe 교수께서는 1906년에 알자스 로렌(Alsace-Lorraine)의 스트라스부르(Strasbourg)에서 태어났습니다. 그의 아버지는 대학의 저명한 생리학자였고, 그의 어머니는 음악가이자 어린이 연극 작가였습니다. 어린 Hans는 유서 깊은 공립학교인 Goethe Gymnasium을 다녔고 1926년에 프랑크푸르트 대학교(University of Frankfurt)를 졸업했습니다. Bethe는 22세의 어린 나이에 뮌헨 대학교(University of Munich)에서 저명한 이론 물리학자인

2　Victor Frederick Weisskopf(1908-2002), 오스트리아 태생 미국 이론 물리학자. Werner Heisenberg, Erwin Schrödinger, Wolfgang Pauli, Niels Bohr 그룹에서 공동연구 수행.

3　Robert Eugene Marshak(1916-1992), 미국인 물리학자, 교육가. Hans Bethe의 지도로 1939년 Cornell 대학교에서 박사학위 취득.

Arnold Sommerfeld[4] 교수 지도로 박사 학위를 받았습니다. Sommerfeld 교수는 Bethe를 현대물리학의 격랑에 입문시켰으며, Bethe를 Enrico Fermi[5]에게 소개하여 1930-32년 기간에 로마에서 Rockefeller 재단 연구원으로 일하면서 그의 초기 연수를 마무리하게 하였습니다. Hans Bethe는 1935년에는 나치 독일의 난민으로서 Cornell 대학교에 정착했으며, 그 이후 그는 수년간의 전쟁 지원 군수 연구와 여러 차례 있었던 방문 연구를 제외하고는 그곳에서 근무해 오고 있습니다.

저는 1937년에 Bethe 교수 밑에서 대학원 공부를 하기 위해 처음 Cornell에 왔습니다. 저는 Bethe 교수께서 주최한 고체물리학에 관한 학술회의에 참석하면서 우연하게도 그곳에 도착했습니다. Bethe 교수의 다재다능함은 제가 대학원생 신분으로 있을 때에 그가 핵물리학에 관한 기념비적인 논문을 막 끝냈기 때문에 이미 매우 값진 것이었습니다. Bethe의 과학 활동은 1년 사이에 "항성들의 에너지 생성"(Energy Production in Stars)이라는 획기적인 논문을 통하여 천체물리학이라는 전혀 생경한 영역으로 이동했습니다. 이 논문은 George Gamow와 Edward Teller가 주최한 George Washington University(Washington, DC)에서의 소규모 이론 학술회의의 부산물이었습니다. Hans Bethe는 1938년 봄에 이 학술회의에서 돌아온

---

4 Arnold Johannes Wilhelm Sommerfeld(1868-1951), 독일인 이론 물리학자. 원자와 양자 물리 연구를 주도하면서 이론 물리학의 새 시대를 개척한 많은 연구자들을 지도하고 배출함. 그가 지도한 박사 과정 학생들 중에 Werner Heisenberg, Wolfgang Pauli, Peter Debye, Hans Bethe는 훗날 노벨상을 수상함. 하지만 본인은 84회나 노벨상 수상 후보로 추천되었지만 수상하지 못함.

5 Enrico Fermi(1901-1954), 이탈리아계 미국인 물리학자. 최초로 핵반응 원자로를 개발하였으며, 1938년 노벨 물리학상을 수상함.

후 항성 에너지의 기원 문제에 크게 도전했습니다. 몇 개월이 지난 후, 그는 항성의 조건 아래에서 상당한 양의 에너지를 생성할 수 있는 모든 핵 반응들을 면밀히 조사했으며, 공통된 주 계열 항성들(common main sequence stars)[6]에 있어서 탄소 순환 고리(carbon cycle)[7]와 양성자–양성자 연쇄 (proton-proton chain) 반응이 두 가지 주요 에너지 원천이라는 결론에 도달했습니다. 항성들에서 작동하는 열핵화 과정들(thermonuclear processes)[8]에 대한 심오한 분석 연구로 Bethe 교수는 1938년 뉴욕 과학 아카데미(New York Academy of Sciences)의 A. Cressy Morrison 천문학상, 1947년 국립 과학 아카데미(National Academy of Sciences)의 Draper Medal, 1963년 왕립 천문학회(Royal Astronomical Society)의 Eddington Medal, 그리고 마지막으로 1967년 노벨 물리학상을 수상했습니다. Hans Bethe께서 현대 천체물리학에 기여한 바의 중요성에 대해 훨씬 더 많이 말씀드릴 수 있지만, 저는 단지 격리된 플라즈마[9]에서 자생적인 핵융합 과정인 열핵화 과정을 달성하기 위해 현재 진행중인 엄청난 노력은 Bethe 교수께서 항성들에 대해 철저하게 분석한 열핵화 과정들을 지구상에서 복제하려는 장거壯擧라는 점만을 지적하겠습니다.

---

6 주 계열 항성은 항성의 일생 가운데 수소 핵융합으로 헬륨과 에너지를 생성하면서 가장 긴 기간을 거치는 청장년기 진화 단계에 있는 별들을 일컬음.

7 탄소 순환 고리는 지구계의 생태 환경에서 다양한 생화학적인 반응들이 탄소를 주고 받으면서 이루어지는 순환 과정을 일컬음.

8 높은 온도 분위기에서 상호작용하는 두 개의 가벼운 원자핵들이 충돌하여 한 개의 무거운 핵으로 융합될 때 매우 큰 양의 에너지가 방출되는 핵융합 과정.

9 플라즈마는 기체 분자나 원자들이 이온화 될 때 원자핵과 자유전자들이 따로따로 떠돌아다니는 상태에 있는 경우이며, 플라즈마는 전하를 띤 입자들의 집합체이므로 전자기적인 교란에 대한 반응성이 매우 큼.

제2차 세계 대전이 발발했을 때 Bethe 교수는 자신의 물리학 지식이 필요한 경우에 실제적으로 중요한 문제에 적용할 수 있는 능력을 보여 주었습니다. 그는 우선 전자기 이론에 대한 자신의 지식을 MIT Radiation Laboratory에서 레이더 문제에 처음 적용했으며, Los Alamos National Laboratory[10]에서 이론 분과 책임자로 전시 복무를 마쳤습니다. 저는 이들 두 연구소에서 Bethe 교수 밑에서 일했으며, 매우 다양한 응용 문제를 처리하는 데 그가 기여한 엄청난 활동과 지식을 증언할 수 있습니다.

전쟁이 끝난 후인 1946년 여름 Bethe 교수와 저는 Schenectady에 있는 General Electric Research Laboratories의 자문 위원이었으며 활기찬 이 연구소에 "원자력 에너지"(atomic energy)의 새로운 경이로움을 알리려고 애썼습니다. 우리가 당시 원자로 이론을 가르친 "젊은이들" 중에는 Harvey Brooks와 Henry Hurwitz도 있었으며, 이들은 각각 과학계의 지도자가 될 운명이었습니다. 그러고 나서 1년 후에는 Bethe 교수께서 Lamb 이동[11]의 비상대론적인 이론을 연구하도록 영감을 받게 된 유명한 Shelter Island 학술회의[12]에서 우리는 다시 만났습니다.

몇 년 전에 저는 Bethe 교수의 60번째 생일을 기념하기 위해 물리학의 거의 모든 분야에 기여한 그의 광범위하고 다재 다능한 업적을 되새기고 되살리기 위해 작은 논문집을 준비하기로 결정했습니다. 이에 대한 반응들이

---

10 1943년에 설립된 미국의 국방관련 국립연구소(뉴멕시코주 소재). 제2차 세계대전 기간동안 미국의 원자폭탄 관련 연구인 맨허턴 프로젝트를 핵심적으로 수행한 곳 중 하나.

11 Willis Eugene Lamb Jr.(1913-2008), 미국인 물리학자. 수소 스펙트럼의 미세 구조 관련 공로로 1955년 노벨 물리학상 수상.

12 1947년 6월 2일~4일 기간에 뉴욕 쉘터 아일랜드의 램스 헤드 인에서 개최된 학술대회. (Source: 위키)

너무도 압도적이었으며, 다루어야 할 물리학 및 천문학의 범위가 너무나 넓어서 다양한 논문들을 그 책에 제대로 정리하기 위해서는 학술지 Physical Review에 쓰이는 Sam Goudsmit 분류[13]를 사용해야만 했습니다!

물리학에서 얻는 기쁨 PLEASURE FROM PHYSICS

Hans A. Bethe:

Salam박사께서 이 강연을 해달라고 저에게 요청하는 편지에서 그는 제가 물리학에서 특별히 즐겼던 점들에 대해 이야기해야 한다고 썼습니다. 바로 그 점들에 대하여 이야기해드리고자 합니다.

제가 가장 즐겼던 첫 번째 일은 물질의 멈춤 능력(stopping power)[14]에 관한 논문이었습니다.[15] 원자들의 충돌에 대한 Born 이론이 막 보고되면서 Elsasser는 이 충돌 이론을 수소 원자에 의한 전자들의 탄성 산란(elastic

---

13 오늘날 미국 물리학회의 Physical Review 계열 학술지에 투고되는 논문들의 학문 영역을 분류하는 PACS(The Physics and Astronomy Classification Scheme)는 American Institute of Physics(AIP)에서 개발하여 1975년 이후 Physical Review에서 사용하고 있으며, 이 분류 방식은 네덜란드 태생 미국인 물리학자 Samuel Abraham Goudsmit(1902-1978)이 미국 물리학회의 실무 편집이사와 편잡위원장(1951-1974) 자리에 있을 때 준비되었으므로 "Sam Goudsmit 분류"라고도 일컬음.

14 전기를 띤 입자가 물질 속을 지날 때 에너지를 잃으며, 이때 그 입자가 물질 속에서 단위거리를 이동하는 데 소모되는 에너지 양을 멈춤 능력이라 일컬음.

15 H. Bethe, Ann. Phys. **39**, 325-400 (1930).

scattering) 및 비탄성 산란(inelastic scattering)[16]에 적용했습니다. 그 계산 결과는 다소 길고 보기 흉한 모습의 공식들이었으며, 양자수(quantum number)가 큰 들뜬 상태일수록 더욱 악화되었고 연속 스펙트럼 상태로의 들뜸에 적용하였을 때 이 공식들은 전혀 예견할 수 없는 끔찍한 결과를 제시했습니다. 그래서 저는 이것으로는 살아 남을 수 없으며 우리는 더 쉽게 이야기할 수 있어야 한다고 생각했습니다. 기본적으로 저는 이 논문에서 두 가지 작업을 했습니다. 그 중 하나는 Poisson 방정식을 세우는 일이었습니다. 우리는 Born 근사 계산법[17]에서 산란 진폭(scattering amplitude)은 다음과 같이 주어진다는 것을 압니다.:

$$\int V(\vec{r}) e^{i\vec{q}\cdot\vec{r}} d^3r$$

여기서, 탄성 산란의 경우에, 퍼텐셜 $V(\vec{r})$는 단순히 원자의 전하 분포에 의해 결정되고 q는 운동량의 변화입니다. 이미 말했듯이, 퍼텐셜은 결국 전하 밀도와 연결되며 그 결과로 Born 근사 계산 결과는

$$q^{-2} \int \rho(\vec{r}) e^{i\vec{q}\cdot\vec{r}} d^3r$$

이므로 Laplace 방정식을 얻었습니다. 물론 이것은 밀도가 파동함수에 의해 직접 주어지기 때문에 원자의 실제 속성과 훨씬 더 간단한 관계를 제시하게 됩니다.

---

16 탄성 산란은 산란 과정에서 입자들의 내부 상태가 변하지 않는 경우이고, 비탄성 산란 과정에서는 산란되는 입자의 전자적인 에너지 상태가 바뀌거나 입자의 소멸과 새로운 입자의 생성도 포함된다.

17 M. Born, Quantenmechanik der Stoßvorgänge. Z. *Physik* **38**, 803-827 (1926).(https://doi.org/10.1007/BF01397184 참조)

제가 그 논문에서 사용한 둘째 기법은 합 규칙(sum rule)[18]이었습니다. 물론 합 규칙이 사용된 것은 첫 사례는 아닙니다. Kuhn-Reiche-Thomas 합 규칙은 실제로 몇 년 전에 양자역학의 기반이 되었지만, 양자역학의 결과를 단순화하는 데 있어서 이 합 규칙은 아직 완벽하게 활용되지 않았습니다. 이제는 총단면적(total cross section)에 관한 합 규칙을 얻는 것은 간단합니다. 물론, 비탄성 산란의 경우에 전하 밀도 $\rho(\vec{r})$는 최종 상태에 대한 파동함수와 초기 상태에 대한 파동함수의 곱이며 다음과 같이 대체됩니다.

$$\Psi_n^*(\vec{r})\,\Psi_0(\vec{r}),$$

단면적을 모든 들뜬 상태(excited states)에 대하여 합하면 우리는 기본적으로 연산자 $\Sigma_i e^{i\vec{q}\cdot\vec{r}_i}$의 절대값의 제곱을 얻으며, 수소의 경우에 그 결과는 1이 됩니다. 그러므로 우리는 모든 상태들의 들뜸에 대한 총단면적에 대하여 이야기할 수 있게 됩니다.

---

18 양자장 이론에서 합 규칙은 정적인 상태량과 동역학적인 양에 대한 적분 사이의 관계를 보여주는 규칙을 일컬으며, 양자역학에서는 다양한 에너지 준위들 사이의 전이 세기들의 합에 관한 공식이며 양자역학적인 이론을 써서 개별 에너지 준위의 성질을 기술하기에 너무 복잡한 상황에 매우 유용하게 쓰임.

에너지 손실에 대한 표현 EXPRESSING ENERGY LOSS

그다지 자명하지 않은 합 규칙은 입자의 에너지 손실에 해당하는 것입니다. 제가 설명하고 있는 물리량은 산란 진폭(scattering amplitude)[19] $F_n(q)$이 며 이의 절댓값 제곱은 산란 단면적(cross section)[20]입니다. 이제 이 단면적 에 입사 입자의 에너지 손실을 곱한 다음, 모든 들뜬 상태에 대해 합하면 우리는 산란 확률에 평균 에너지 손실을 곱한 값을 얻게 됩니다. 그 결과는 기 본적으로 전자가 가로질러간 원자 1개 당 에너지 손실을 제공합니다. 다행 히도 저는 이에 대한 매우 간단한 합 규칙이 있음을 발견했으며, 사실 그것 은 총단면적을 보여 주는 합 규칙보다 훨씬 간단합니다. 운동량 손실 q가 매 우 작은 경우에 행렬 요소는 쌍극자 모멘트(dipole moment)에 q를 곱한 값 이 되므로 에너지 손실 합계는 바로 전자 개수를 제시하는 Kuhn-Reiche-Thomas 합 규칙이 됩니다. 그러나 흥미로운 사실은 q가 작지 않은 경우에도 이 에너지 손실 합은 바로 전자의 개수만 제공합니다. 저는 여전히 이러한 점이 매우 놀랍고 그 당시 저에게는 매우 즐거운 일이었다고 생각됩니다. 이 처럼 저는 Born 이론에서 출발하여 물질 속을 지나가고 있는 대전된 입자들 에게 있어서 경로의 단위 길이 당 에너지 손실에 대한 완결된 표현에 도달할 수 있었습니다.

이 논문을 뮌헨 대학교(University of Munich)에서 객원 강사(privat-

---

19 산란 진폭은 양자역학적인 기술이 필요한 입자의 산란 과정에서 입사 물질 파동 가운데 산란 되어 나가는 파동의 확률적인 진폭을 일컬음.

20 산란 단면적은 입자빔이나 전자기적인 들뜸이 다른 입자나 물질에 의해 산란될 확률의 척도 이며, 일반적으로 그 값은 충돌 물체가 차지하는 단면적 크기 정도에 관계됨.

dozent, 무급 강사)가 되는 데 사용했음을 언급해야 합니다. 아시다시피 이것은 독일의 특별한 의식 절차입니다. 독일의 대학에서는 박사 학위를 받았다고 해서 대학의 선생이 될 수 있는 자격이 있는 것은 아닙니다. 그런대로 괜찮은 논문을 작성하고 일정한 수의 "논제"(thesis)를 제시하는 두 번째 시험을 통과해야 합니다. 즉, 후보자는 얼마간의 주장들을 제시하고, 과학 계열의 전체 교수단이 참석하여 후보자를 논박하고 그의 주장들이 틀렸다는 점을 증명할 수 있습니다. 물론, 이것은 형식을 갖추기 위한 것일 뿐이며 교수님들은 매우 너그럽습니다!

1, 2년 후 저는 Cambridge 대학교의 Blackett[21] 교수를 만났으며, 그는 저에게 이처럼 말했습니다: "자, 여기를 보세요. 당신은 대전된 입자의 에너지 손실에 대한 이론을 세웠습니다. 하지만 당신의 정성적인 결과들은 나에게 유용하지 않으며, 나는 이 에너지 손실에 대한 정량적인 결과를 정말 알고 싶습니다. 나는 그 결과를 정밀하게 알아내어 입자의 통과 범위를 측정할 수 있고, 나아가 그 범위에서 해당 입자의 에너지를 추출할 수 있을 정도로 정확한 에너지 손실 값들을 알고 싶습니다." 그 당시로서는 전기적이거나 자기적 편향으로 입자의 에너지를 측정하기에 충분한 장치를 갖추기가 매우 어려웠습니다. 입자의 통과 범위는 입자 에너지를 얻어 볼 수 있는 가장 편한 측정량이었습니다. 그래서 Blackett 교수는 "사실은, 우리가 별로 좋지 않다고 알고 있는 오래된 Bohr[22] 이론을 기반으로 그 통과 범위를 계

---

21 Patrick Maynard Stuart Blackett(1897-1974), 영국 실험 물리학자. 구름 상자를 통한 우주선 연구로 1948년 노벨 물리학상 수상.

22 Niels Henrik David Bohr(1885-1962), 덴마크 태생 물리학자. 원자 구조의 이해와 반半고전적인(semiclassical) 양자역학의 성립에 기여한 공로로 1922년 노벨 물리학상 수상. 20세기에 가장 영향력 있는 물리학자 중 한 명.

산한 Duncanson의 논문이 있습니다. 양자 이론을 기반으로 다시 한번 시도해 보기 바랍니다."라고 조언하였으며, 그래서 저는 제 이론을 복잡한 원자의 경우로 일반화하는 방향으로 이끌렸습니다. 이 과정에서는 여전히 실험적 상수인 원자의 평균 들뜸 퍼텐셜을 도입하게 됩니다. 그 퍼텐셜은 어느 특정한 값의 에너지에 대한 통과 범위를 측정함으로써 결정되어야 했으며, 그로부터 모든 에너지 값들에 걸친 통과 범위-에너지 관계식을 추출할 수 있습니다. 이러한 절차는 놀라울 정도로 잘 작동했으며 저는 몇 년 동안 그것을 다듬는 데 바빴습니다. 즉, 저는 학생들과 함께 일부 전자들은 강한 결합 에너지를 가진다는 사실을 보정해 넣었습니다.

그런 일이 있은 다음, 몇 년 후에 Moller의 상대론적 충돌 이론이 등장했습니다. 제가 수행한 일들 중 하나는 이 이론을 멈춤 능력(stopping power) 문제에 적용하는 것이었습니다. 그 결과는 비상대론적인 경우와 거의 같은 방식으로 해결해 낼 수 있음을 발견했습니다. 저는 거의 동시인 불과 며칠 전에 Oppenheimer가 같은 계산을 하였다는 점을 알게 되었습니다. 이제까지의 이야기는 멈춤 능력에 대한 것이었습니다. 이러한 일들은 이론적으로 제일원리들(first principles)[23]에서 출발하여 실제로 실험 결과와 비교해 볼 수 있는 무엇인가를 얻어 볼 수 있으며, 실험 연구자들의 결과 해석에 실제적으로 도움이 될 수 있기 때문에 매우 의미있는 영역 가운데 하나였습니다.

---

23 제일원리란 이론, 방법, 또는 주어진 계의 기반이 되는 근본적인 개념이나 가정들을 일컬음.

지하철 안에서 풀어 냄 SOLVED IN THE SUBWAY

저의 생애에서 가장 만족스러웠던 시기는 1930년대에 핵물리학을 개발할 때였습니다. 이것은 제가 Peierls[24]와 함께 기거하면서 일했을 때인 Manchester에서 시작되었으며, 우리 둘은 모두 중양성자(deuteron;중수소핵)에 매우 관심이 있었습니다. 당시에 Chadwick[25]과 Goldhaber[26]가 이것을 실험적으로 탐구하고 있었습니다. 우리는 특별히 중양성자의 결합 에너지와 양성자에 의한 중성자의 산란 사이의 관계를 고려했습니다. 우리는 그 당시에 산란 단면적과 중양성자 결합 에너지 사이에 매우 밀접한 관계(이는 대부분 Peierls가 제안한 것임)를 발견했으며, 산란 단면적은 본래 다음과 같이 표현되었습니다:

$$\sigma = \frac{4\pi\hbar^2}{M} \frac{1}{E + \varepsilon}$$

즉, 이는 상수로서 질량 중심 좌표계(center-of-mass coordinates)[27]에서 바라본 중성자–양성자 계의 에너지와 결합 에너지의 합으로 나눈 값입니다.

우리가 세운 이론은 매우 매력적이었지만 실험 결과와는 맞지 않았습니다! 실험이 정교할수록 그 불일치는 더욱 심했습니다. 마침내, 이에 대한 해

---

24 Rudolf Ernst Peierls(1907-1995), 독일 태생 영국인 물리학자.

25 James Chadwick(1891-1974), 영국인 물리학자. 중성자를 발견한 공로로 1932년 노벨 물리학상 수상.

26 Maurice Goldhaber(1911-2011), 미국인 물리학자. 중성미자(neutrino)의 음(−) 나선성(helicity) 발견(1957년).

27 좌표계의 원점을 운동 중인 물체의 질량중심과 같도록 설정하는 기준계. 이 좌표계는 충돌 문제를 취급하는 경우에 특별히 유용함.

결책은 1935년에 Eugene Wigner[28]가 뉴욕의 지하철 객차 안에서 저에게 말해주었습니다. 확실하지는 않습니다만, 제가 지금보다는 훨씬 더 잘 들을 수 있었을 것임에는 틀림없습니다. 어쩌면 Wigner가 지금보다는 더 크게 이야기했을 것입니다! 여하튼, 지하철 안에서도 그의 이야기를 들을 수 있었으며, 그는 다음과 같이 말했습니다.: "이제 여기를 보세요. 중양성자가 우리에게 말하는 것은 세겹항 상태(triplet state)에 있는 중성자들과 양성자들의 상호작용뿐입니다. 그런데 그것들이 홑겹 상태(singlet state)에서 상호작용하는지 어떻게 알 수 있습니까? 아마도 그들은 매우 다르게 상호작용할 것입니다." 그렇게 그는 열차가 Columbia 대학교와 Pennsylvania 역 사이를 지나는 동안에 이 문제를 해결했으나, 그는 계산 결과를 결코 출간하지 않았습니다. 저는 그것을 학술지 Reviews of Modern Physics에 출간한 세 편의 논문 중 하나에 발표하면서 그 공로를 Wigner에게 돌렸습니다만, 그가 그것에 대한 논문을 작성하지 않았던 점에 대해 지금도 매우 유감스럽게 생각합니다.

---

28 Eugene Paul Wigner(1902-1995), 헝가리 태생 미국인 물리학자. 원자핵과 기본 입자에 관한 이론과 기본입자들의 대칭성 원리 발견에 대한 공로로 Maria Goeppert-Mayer 및 J. Hans D. Jensen과 1963년 노벨 물리학상 공동 수상.

원자 질량 ATOMIC MASSES

결합 에너지와 산란 문제 외에도 당시에 Chadwick과 Goldhaber가 바로 관찰해 낸 중수소핵의 광전 붕괴(photoelectric disintegration) 문제도 수행했습니다. 핵물리학의 두 번째 주제로 저를 안내한 사람이 바로 Goldhaber였습니다. 원자 질량들이 너무나 혼란스럽다는 점을 지적하면서 말이지요. 이것은 특히 ^{9}Be의 경우였습니다. 기존 발표된 질량에 따르면, ^{9}Be는 실제로 존재해서는 안됩니다! 그 질량이 중성자 한 개와 두 개의 α입자를 합한 값보다 더 크기 때문이었습니다. 그래서, 다음으로 제가 한 일은 원자 질량들을 찾아보고 그 당시에 매우 많이 관찰된 핵 분열에서 나온 에너지 가운데 가능한 한 매우 신뢰할 수 있는 질량 분석 측정 결과들만 주로 사용하려고 노력하는 것이었습니다. 기본적으로 Cambridge와 Harvard에서 측정한 결과들만이 그 범주에 속했습니다. 이들 결과와 분열 데이터를 결합하여 원자 질량표를 구성해 낼 수 있었습니다. 이 일이 1935년 Cornell에서의 저의 첫 작업이었고, 이 표에 따르면 ^{9}Be는 질량이 너무 크지 않았으며 완벽하게 안정적인 상태로 만들어졌습니다. 중양성자도 이 범주에 속했습니다. 질량 분석 데이터에 따르면 중양성자도 중성자와 양성자로 자연 붕괴되어야 함을 알 수 있습니다. 시간이 지나면서, 질량 분석 연구자들은 그들의 데이터를 바꾸었으며 실제로 핵 분열 값들이 정확한 값들이었음을 확인했습니다.

Cornell에서 저는 실험 연구자들과 연락하고 있었습니다. 우리는 Ernest Lawrence[29]와 매우 긴밀히 협력해 왔던 Livingston이 제작한 역사상 두 번

---

29 Ernest Lawrence(1901-1958), 미국의 실험 핵물리학자. 1939년 노벨 물리학상 수상.

째로 만들어진 사이클로트론(cyclotron)을 보유하고 있었습니다. 우리의 사이클로트론은 매우 작았습니다. 저의 생각으로는 학과에서 그것을 만드는데 2천 내지 3천 달러 밖에 지불할 여유가 없었기 때문입니다. 수년 동안 우리는 가장 작은 사이클로트론이 작동되고 있다는 사실을 매우 자랑스럽게 생각했습니다. 우리는 다른 어떤 사이클로트론보다 달러 당 그리고 킬로와트 당 더 많은 연구를 수행했다고 주장했습니다.

저는 실험 연구자들이 핵물리학에 대해 많이 이해하지 못 하고 있다는 사실과 또 동일한 것을 실험 연구자 한 명 한 명에게 거듭 설명하는 일이 매우 힘들다는 사실을 알았습니다. 그래서 저는 그것을 논문으로 작성하는 편이 훨씬 더 쉬울 것이라고 판단하였으며, 따라서 Segrè[30]가 "Mattoncino"(내 생각에 '작은 바위 덩어리'라는 뜻인 듯함)[31]라고 일컬었던 Reviews of Modern Physics에 세 편을 게재하였습니다.[32] 이들 논문에는 당시에 핵물리학에 대해 알려진 대부분의 내용들을 적었습니다. 이 일은 정말 재미있었습니다. Konopinski와 M.E. Rose라는 두 명의 공동 연구자는 연구실에 함께 앉아 제게 필요한 모든 계산을 해냈습니다. 우리는 Konopinski가 제게 다가와서 식사할 시간이라고 말했을 때만 하던 일을 멈추었습니다. 그래서 우리는 들뜸 함수, 중성자의 확산 문제, 가벼운 핵의 결합 에너지에 관한 문제와 같은 당시의 기존 지식에 있었던 많은 빈틈들을

---

30 Emilio Gino Segrè(1905-1989), 이탈리아 태생 미국인 물리학자. 반反양성자(antiproton)를 발견한 공로로 Owen Chamberlain과 함께 1959년 노벨 물리학상 수상.

31 Mattoncino는 '작은 벽돌'(building block)이라는 의미를 가지는 이탈리아어.

32 H. A. Bethe and R. F. Bacher, Reviews of Modern Physics 8 (2), 82-229 (1936); H. A. Bethe, Reviews of Modern Physics 9 (2), 69-244 (1937); H. A. Bethe and M. Stanley Livingston, Reviews of Modern Physics 9 (3), 245-390 (1937).

채울 수 있었습니다. 또한 그 당시에 사람들은 껍질 모형(shell model)[33]을 연구하기 시작했습니다. 껍질 모형은 최대 ^{40}Ca까지는 잘 작동했지만 그 이상에서는 맞지 않았습니다.

해설 논문에서 이 모든 것을 서술하는 일은 매우 만족스러웠으며, 많은 실험 연구자들이 우리가 세워 놓은 몇 가지 이론을 확증하는 데 관심이 있다는 점은 더 할 나위 없이 고무적인 일이었습니다. 또한 더 큰 사이클로트론을 보유하고 있는 University of Rochester와 특별히 긴밀한 협력이 이루어졌기 때문에 우리가 개발해 온 들뜸 함수들에 대한 다수의 이론을 검증할 수 있었습니다. 그 무렵에 Bohr는 복합 핵(compound nucleus)을 발명했고 Breit와 Wigner는 분산 공식(dispersion formula)을 찾아 내었으며, 이들 이론에서 예측된 공명과 관련하여 제가 개인적으로 수행해본 유일한 실험을 진행했습니다. Cornell에는 느린 중성자들에 의해 은(Ag)에서 생성되는 방사능을 측정한 실험 연구실 대학원생이 있었으며 우리의 과제는 이 중성자들의 에너지가 열에너지와 다르다는 점을 증명해 내는 일이었습니다. 우리는 같은 목적으로 영국에서 Moon과 또 다른 연구자들이 동시에 사용했던 붕소 흡수 실험의 도움으로 이 일을 수행했습니다. 저는 이 일을 하느라 실제로 밤에 어느 한 실험실에 앉아서 이들 중성자가 만들어 내는 방사능의 총수를 세었습니다.

---

33 원자 내부의 전자들이 낮은 에너지 준위부터 차곡차곡 채우면서 양파껍질처럼 닫혀진 양자 껍질상태를 이루는 것과 유사한 방식으로, 원자핵을 이루고 있는 핵자들도 낮은 에너지 준위부터 채우면서 껍질상태를 이루고 있다고 보는 원자핵의 모형.

고체물리학 SOLID STATE

Marshak 교수는 Pauli[34]가 저를 고용하지 않은 이유로 고체물리학을 언급했습니다. 저는 고체 상태에 대하여 연구를 하였으나 솔직하게 이야기하자면 그 당시에 고체물리학은 핵물리학보다 훨씬 덜 만족스러운 일거리였다고 말해야 하겠습니다. 사실 고체물리학을 진지하게 연구하기에는 너무 일렀습니다. 당시 저의 야망은 은(Ag) 또는 적어도 나트륨(Na) 금속 속에 있는 전자들에 대한 Fermi 표면(Fermi surface)의 모양과 같은 것을 계산한 다음에 이에 대한 실험적 확증을 받는 것이었습니다. 지금은 이러한 물질의 Fermi 표면의 모양을 우리는 알고 있습니다만, 그 당시에는 그럴 방법이 전혀 없었습니다. 단지 우리가 측정할 수 있었던 것은 전기 전도도(electric conduc-tivity)와 몇 가지 열전(thermoelectric) 및 자기 효과(magnetic effects)와 같은 총량적인 값들뿐이었으므로 제가 바라는 종류의 정보는 절대 얻을 수 없었습니다. 제가 고체물리학에 관한 연구를 끝낼 무렵에야 Wigner와 Seitz는 금속 안에 들어 있는 전자들에게 허용되는 에너지띠(energy bands)를 이론적으로 결정하는 매우 강력한 방법을 창안했습니다. 그들의 계산법은 분명히 그 일을 해낼 수 있는 방법이었지만 적어도 저에게는 이 방법을 실제로 작동시켜 필요한 정보인 Fermi 표면의 모양을 얻기 위한 수학적인 능력이 부족했습니다.

고체물리학 이론에 대해 제가 수행했던 두 가지 다른 일도 있습니다. 그

---

34 Wolfgang Ernst Pauli(1900-1958), 오스트리아의 이론 물리학자이자 양자역학의 개척자 중 하나이다. Pauli 배타원리(Pauli exclusion principle)에 대한 업적으로 1945년 노벨 물리학상 수상.

중에 하나는 단결정 안에 원자를 첨가했을 때 그 원자가 앉아 있는 자리의 대칭성에 따른 에너지 준위들의 분리 현상이었습니다. 저는 기본적으로 군론群論(group theory)을 공부했기 때문에 그 점을 연구했습니다. 우리는 군론을 무엇인가에 적용해 보고 우리 자신이 직접 그 일에 참여하지 않으면 그것을 정말로 이해할 수가 없기 때문입니다. 그래서, Wigner가 군론으로 정말 중요한 모든 일을 해냈기 때문에, 저는 이제 해 볼 만한 남아 있는 일은 단지 다양한 대칭성을 가지는 결정체에 어느 한 원자를 삽입해서 그 에너지 준위들이 어떻게 되는지를 살펴보는 것이라는 생각이 들었습니다. 사람들이 그의 논문을 사용해 왔다고 들었지만, 저는 그 논문에서 나온 것을 본 적이 없습니다.

고체물리학 이론에서 제가 수행한 또 다른 일은 합금 내에서의 질서(order)와 무질서(disorder)에 관한 일이었습니다. 이 문제는 Lawrence Bragg 경이 제게 제안한 것이며, 제가 Manchester에 있으면서 Peierls와 함께 중양성자에 관한 연구를 하던 기간이었습니다. 제가 한 일은 질서와 무질서가 발생하는 방식에 대해 Bragg와 Williams의 이론[35]에 약간의 존경심을 불어넣는 것이었습니다.

---

35 평형상태에 있는 합금 물질의 경우에 저온의 질서 상태와 고온의 무질서 상태 사이의 상전이에 관한 일종의 평균장 이론; W. L. Bragg and E. J. Williams, The effect of thermal agitation on atomic arrangement in alloys, Proc. Roy. Soc. London **145A**, 699-730 (1934); **151A**, 540-566 (1935); **152A**, 231-252 (1935) 참조.

항성들에서 일어나는 핵 반응들 NUCLEAR REACTIONS IN THE STARS

Marshak 교수가 핵물리학과 핵 반응 이론의 전개 과정에서 부수적으로 등장한 일들 중에 항성에서 일어나는 에너지 생성을 언급했습니다. 그 작업은 탐구하기에 가장 만족스러운 일들 중 하나였습니다. Marshak 교수가 언급했듯이, 정부 부처가 아니라 카네기 재단(Carnegie Foundation)의 지구 자기 부서(Department of Terrestrial Magnetism)가 조직한 소규모 학술회의가 Washington에서 열렸습니다. 그 학술회의에서 천체 물리학자들은 우리 물리학자들 몇 명에게 항성이란 어떤 것인지, 또 어떻게 형성되었는지, 항성에서의 밀도 분포와 압력은 어떠한지 등을 이야기했으며, 그런 다음에 항성에서의 에너지는 어디에서 기인하는지에 대한 질문을 던지는 것으로 마무리했습니다. 물론 모든 사람들은 그 에너지는 핵 반응에서 기인한다는 데는 동의했지만 어떠한 핵 반응들인가에 대한 물음이었습니다. 그 당시 그들은 너무 많은 것을 찾고 있었습니다. 말하자면, 당시 그들은 원소들의 축적 문제와 별의 에너지 생성 문제를 동시에 해결하려고 시도하고 있었습니다. 사실 이들 두 문제의 결합을 제거함으로써 문제를 해결할 수 있었습니다.

저는 매우 체계적인 방식으로 탄소 순환 고리(carbon cycle)를 발견해 내었습니다. Weizsacker는 먼저 별에서의 근본적인 핵 반응은, 말하자면, 다음과 같이 우리가 생각할 수 있는 가장 단순한 반응이라고 제안한 바 있습니다.:[36]

---

36 수소 핵융합 과정은 작은 항성들 내부의 주된 에너지 원천:

$$^1_1H + ^1_1H \rightarrow ^2_1H + ^0_1e^+ + \nu_e \Rightarrow 4^1_1H \rightarrow ^4_2He + 2^0_1e^+ + 2\nu_e.$$

$$H + H = D + e^+ + \nu.$$

물론 이것은 베타 붕괴[37]를 수반하기 때문에 극히 일어날 가능성이 낮은 반응이지만, 별에서는 거의 무제한의 시간과 매우 높은 밀도와 퍼텐셜 장벽을 극복할 수 있을 만큼 온도가 충분히 높습니다. 그래서 실제로 이 반응은 태양에서 적절한 에너지 생성률을 제공한다는 점이 밝혀졌습니다. 그리고 오늘날 그것은 태양에서 일어나는 주된 반응이라고 여겨집니다.

그러나 우리는 천체 물리학자 친구들에게서 태양보다 훨씬 더 빛나면서도 내부 온도는 태양보다 약간만 더 높은 별들이 있다고 들었습니다. 이 별들이 어떻게 그처럼 엄청난 율로 에너지를 생성해 낼 수 있는지는 실로 수수께끼였습니다. 사실은 양성자-양성자 반응은 에너지 의존성이 매우 약합니다. 태양의 중심 지점의 온도에서는 퍼텐셜 장벽이 아주 쉽게 침투하기 때문입니다. 반응 속도는 대략 온도의 4제곱에 따라 변하며, 말하자면, Sirius A[38] 및 이보다 더 빛나는 별의 휘도를 설명하기에는 충분하지 않습니다. 그래서 나는 더 높은 퍼텐셜 장벽을 가진 원자들과 관련된 핵 반응을 찾아내야 했습니다. 그래서 저는 주기율표를 체계적으로 살펴보았으나 제가 사용한 원자들에서는 그 결과는 터무니없었습니다. 즉 리튬, 베릴륨 등의 경우에는 반응 과정에서 파괴될 것이기 때문이었습니다. 지구상이나 항성들의 함량에서 알 수 있듯이 어차피 이들 물질은 거의 없었습니다. 따라서 이러한 원소들은 도저히 우주가 작동해 오고 있는 시간 동안 에너지 생

---

37 베타 붕괴는 방사성 붕괴 가운데 전자(e^-)나 양전자(e^+)가 방출되는 방사성 감쇠를 일컬음.
38 시리우스 A(Sirius A)는 큰 개자리에 있는 쌍별 가운데 우리의 맨눈에 보이는 밝은 별을 일컬음.

성을 제공할 수 없습니다. 마침내, 저는 탄소에 이르렀으며, 여러분 모두가 아시다시피 탄소의 경우에는 그 반응이 멋지게 나왔습니다. 하나의 탄소 원자는 6개의 반응을 거치고, 마지막에는 탄소로 되돌아옵니다.[39] 이 과정에서 우리는 4개의 수소 원자로 헬륨 한 개를 만들었습니다. 물론 이 이론은 (Gamow의 책에서 주장했던 바와 같이) Washington DC에서 Ithaca로 가는 열차 안에서 만들어지지는 않았습니다. 그리 오래 걸리지는 않았으며 약 6주가 걸렸으나, 시베리아 횡단 철도 여행 조차도 그렇게 오래 걸리지는 않았습니다.

Lamb 이동 THE LAMB SHIFT

그러나 제가 열차 안에서 계산한 논문이 한편 있는데, 그것이 바로 Lamb 이동(Lamb shift)입니다. 1947년에 Lamb[40]과 Retherford[41]는 수소의 2s 상태의 에너지 값이 큰 쪽으로 이동하는 것을 발견했습니다. 우리는 Shelter 섬에서 매우 멋진 학술회의를 열었으며, 이 회의에서는 이들의 실험 결과와 또

---

39 탄소 핵융합 과정: $4^2_1H + 2e^- \rightarrow {}^4_2He + 2\nu_e + 7\gamma + 26.7\ MeV$

40 Lamb과 Retherford가 실험적으로 발견한 수소 스펙트럼의 미세 구조에 나타나는 양자역학적 현상이며 그 메커니즘은 훗날 재규격화 이론을 써서 해석됨.

41 Robert Curtis Retherford(1912-1981), 미국인 물리학자. Columbia Radiation Laboratory에서 Willis Lamb의 대학원생이었으며, Retherford와 Lamb은 수소 스펙트럼의 미세 구조에서 "Lamb shift"를 발견함으로써 양자 전기동역학의 이해에 대한 실험적인 증거를 제시함.

다른 실험 결과들을 협의하였으며, 아울러 자체 에너지(self-energy)[42]의 발산 현상으로 어려움을 겪고 있던 이론 물리학의 현황을 함께 논의하였습니다. 물론 오랫동안 특히 Oppenheimer[43]와 Kramers[44]를 포함하여 여러 연구자들은 자체 에너지의 무한대 값 때문에 난항을 겪고 있었습니다. Kramers는 전자와 전자기장 사이의 상호작용을 고려함으로써 전자의 질량을 재규격화(renormalization)하는 작업이 꼭 필요한 일이라고 제안했습니다. 그리하면 입자의 질량에 포함되지 않은 자체 에너지 부분만 관찰될 것이며 실험 결과와 일치할 것입니다.

저는 이 제안이 매우 흥미롭다는 점을 알았으며, Kramers의 견해를 적용함으로써 Lamb의 실험 결과를 얻을 수 있어야한다고 생각했습니다. 그래서 Marshak 교수도 언급했듯이 Shelter 섬에서 Schenectady에 있는 General Electric Company로 가는 열차에서 저는 복사선 상호 작용에 대한 기본 방정식을 적어 놓고 수소의 2s 상태나 또 다른 어떤 상태에 대한 그 영향이 에너지의 로그 항을 포함하고 있을 것이라는 점을 찾아 내었습니다. 그 로그 함수 항의 분자는 내가 모르는 어떤 에너지였고, 분모에는 수소 원자 안에 있는 전자의 결합 에너지와 같은 것이 있었습니다. 그래서, 그것에

---

42 '자체 에너지'란 양자장 이론에서 주어진 입자와 그 입자 자체의 분위기 사이의 상호작용을 통하여 입자의 에너지에 추가적으로 보태어지는 에너지를 일컬음.

43 J. Robert Oppenheimer(1904-1967), 미국인 이론 물리학자. 1930년대 이후 미국 내 이론 물리학의 흐름을 주도한 것으로 유명하며, 2차 세계 대전 종전 후에는 Institute for Advanced Study(Princeton, New Jersey)의 소장직을 맡음.

44 Hendrik Anthony Hans Kramers(1894-1952), 네덜란드의 이론 물리학자. 물질과 전자기파의 상호작용에 대하여 Niels Bohr와 공동 연구를 진행하면서 양자역학과 통계역학의 발전에 크게 기여함.

대해 아무것도 하지 않았으면서도 이 표현은 상호작용하는 양자(quantum)의 에너지 상한에 로그 함수적으로만 의존할 것입니다. 이것은 매우 희망적인 것으로 들렸습니다. 제가 전적으로 비상대론적 이론을 사용해 왔으며, 예를 들어, 비상대론적 이론을 택하면 전자기적인 질량은 선형적으로 발산하지만, 상대론적인 이론을 택하면 로그 함수적으로 발산한다는 사실을 알고 있기 때문입니다.

우리가 상대론적인 이론을 적용하면 거듭제곱(몇, power)을 하나 더 증가시킬 것이므로 로그 함수적인 발산이 수렴으로 대체될 것입니다. 저는 방금 생각없이 대담하게도 높은 쪽 에너지가 mc^2이라고 가정하였으며, 이 가정하에 정답을 찾았습니다. 물론 저는 전자와 전자기장 사이의 상호작용 항을 적는 데 2배만큼의 실수를 했을지 두려웠습니다.—열차 안이었기 때문에 그 2배를 확인할 길이 없었지요. 그래서 저는 다음날 아침, 최대한 일찍 General Electric 도서관에서 Heitler의 책을 찾아 보고는 제가 실수하지 않았다는 점을 알게 되었습니다. 실제로, 저는 정답에 가까운 약 1,000 MHz 라는 값을 얻었습니다.

그러나 저는 이 일에 대한 결론을 짓고 상대론적인 이론을 제시할 만큼 유능하지는 못했습니다. 그 일은 저보다 훨씬 더 높은 식견이 있었던 Schwinger, Feynman, Tomonaga 및 그 밖의 몇몇 다른 사람들에 의해 수행되었습니다. 그들은 이 문제에 대한 결말을 내렸으며 양자 전기동역학(quantum electrodynamics)[45]을 일관성 있게 재규격화 시킬 수 있다는 점을

---

45 '양자 전기동역학'은 고전 전자기학을 양자역학적으로 재정립한 양자장 이론(quantum field theory)을 일컬음. Schwinger, Feynman, Tomonaga는 양자 전기동역학 분야의 개척과 기본입자들의 성질에 관한 연구로 1965년 노벨 물리학상을 수상함.

제시하였습니다. 여러분도 아시다시피, 이것은 섭동 이론의 모든 차수 항에 대하여 유한한 값들을 주게 되며, 특히 Lamb 이동에 대하여 바른 값을 제공합니다. 저는 그 값이 아직도 정확하게 들어 맞지 않고 여전히 1 MHz의 0.2배만큼 어긋나며 아무도 그 차이가 무엇 때문인지 모른다고 들었습니다.

전쟁 기간 복무 WARTIME WORK

저는 지금까지 순수 물리학 연구만을 언급했습니다. 균형을 맞추기 위해, 저는 응용적인 일에서도 큰 만족을 얻었다는 점을 말씀드려야 하겠습니다. 이 일은 Marshak이 이미 언급한 바 있는 MIT에 소재하는 방사선 연구소에서 레이더를 연구하는 것으로 시작되었습니다. 그리고 나서 우리에게는 Los Alamos에서 다소 소름 끼치는 일이었던 원자폭탄을 설계하는 업무로 이어졌습니다. 그러나 이 문제는 정말 큰 과학적 도전이기도 했습니다. 아마도 가장 큰 도전은 매우 서로 다른 분야의 지식을 결합하는 일이었습니다. 물론, 우리는 핵물리학을 알아야했습니다. 다양한 에너지 값에서 일어나는 다양한 반응들에 대한 단면적(cross section)을 예측하기 위해서는 핵물리학에 대한 지식이 필요했습니다. Weisskopf는 이 분야의 대가였으며 'Los Alamos의 신탁神託 사제'[46]로 알려졌습니다. 그런 다음에 우리는 중성자 확산 이론을 이해하여야 했으며 이에 대해서는 Wigner가 가장 기본적인 작업을 수행해 왔습니다.

---

46 신의 목소리를 전달하는 사제라는 의미.

그런 다음에는 유체역학 문제가 뒤 따랐습니다. Los Alamos에서 아주 초기에 결정된 일로서 물질의 임계 질량을 모으는 가장 좋은 방법은 공 모양의 우라늄 껍질을 만들고 그 껍질을 다른 공 껍질 형태의 폭발물로 둘러싼 다음 그 폭발물을 폭발시키는 것입니다. 그리하여 안쪽으로 전파해 들어오는 폭발 파동을 준비해 두는 방식이었습니다. 이처럼 폭발 파동은 공 껍질 형태로 된 우라늄의 모든 지점에 동시에 도달해서 우라늄을 파열시킬 것입니다. 이러한 내부 파열은 공 껍질을 콤팩트한 하나의 공으로 변형시키면서 매우 빠르게 임계 질량을 넘어서게 할뿐만 아니라 부차적으로 공 모양의 금속을 정상적인 밀도 이상으로 압축할 것이라고 판단했습니다.

우리는 이 효과를 추정하기 위해서 무엇보다도 먼저 지구상에서는 아무도 본 적이 없는 조건, 즉 수렴 충격파로 생성될 수 있는 수 백만 기압을 받는 상황에서 상태 방정식을 추측해야만 했습니다. 그 다음 단계로 우리는 우라늄의 상태 방정식을 고려하여 높은 폭발 충격파의 영향을 받으면서 우라늄이 어떻게 움직일지를 계산해야 했습니다. 그런 일을 위하여, 제 생각으로는, 우리가 처음으로 컴퓨터를 사용하여 그처럼 복잡한 계산을 했으며 이에 대한 답을 찾아냈습니다. 아울러 분석 작업을 통해 답을 확인하고 보완하는 것도 어려운 일이었으나 우리는 그 작업도 수행했습니다. 매우 다양한 분야를 결합한 이 응용 연구는 제가 그 사이 수행해온 물리학에서 정말 흥미로운 일 중 하나였습니다.

우주선 소재 MATERIALS FOR SPACE VEHICLES

그 후에도 저는 지속적으로 몇 가지 응용 연구를 수행해 왔습니다. 그 중에 한 가지만 이야기 하자면, 우주선의 대기 재진입에 관한 것입니다. 엄청난 속력 때문에 엄청난 열이 발생하며, 열 차폐를 위해 어떤 재료를 선택해야 하는지를 이해해야 합니다. 예를 들어, 석영과 같은 유리 재질을 사용하는 것이 좋다고 제안되었습니다. 그러나, 지금 유리는 특정 온도에서 흘러내리기 시작한다는 문제점이 있습니다. 그래서 문제는 이 유리 물질이 흘러나오고 그 온도를 높여 녹는 데 필요한 열만 흡수할까 하는 점입니다. 이 경우에 유리는 1,000 cal/g 정도로 아주 적은 양의 에너지를 흡수하기 때문에 그 아이디어는 좋지 않았습니다. 더 많은 에너지를 흡수하려면 우리는 재료의 증발을 생각해야 합니다. 그래서 문제는 재료가 증발하기 전에 흘러 나갈까 하는 문제입니다. 우리는 공기역학(aerodynamics)에서 계산할 수 있는 전단력剪斷力을 알고 있었지만, 전단력과 높은 가변 온도의 영향으로 매우 높더라도 여전히 유한한 점성도(viscosity)를 가진 유리질 층의 문제는 정통 공기역학에서는 감당하기 어려운 문제였습니다. 이에 대한 저의 기여는 공기역학 연구자들이 즐겨 도입하는 통상적인 가정, 즉 점성도가 일정하다는 가정을 뒤집는 것이었습니다. 이 경우에는 점성도가 위치에 따라서 가장 빠르게 변하는 가변 함수라고 가정해야 했습니다. 이러한 점은 공기역학도들의 직관에 크게 어긋나는 것이었지만 우리는 문제를 해결할 수 있었으며 재료는 그렇게 거동하였습니다. 즉, 재료는 증발합니다.

핵 문제에 관한 새로운 연구 NEW WORK ON NUCLEAR MATTER

순수 물리학으로 돌아가서 지난 13년 동안 제가 연구해 온 문제, 즉 핵 문제로 돌아가 보겠습니다. 저는 전적으로 고高에너지 물리학(high energy physics)의 발전 속도가 저에게는 너무 빠르기 때문에 핵 문제에 이르렀습니다. 제가 고에너지 물리학의 최신 방법을 습득했을 때쯤이면 그 방법은 폐기되므로 그 분야는 나이 많은 이들, 특히 연구 외에도 또다른 일 거리가 있는 나이든 이에게는 해당되지 않는 분야입니다. 그래서 저는 핵 문제를 찾아내었고 Brueckner의 이론[47]들을 이해하려고 노력하면서 시작했습니다. 그의 이론들은 이해하기 매우 힘든 내용이었습니다. 저는 안식년을 그가 의미하는 바를 이해하는 데 썼으며, 그런 다음에 그가 의미하고 있는 것이라고 제게 생각이 드는 것과 그가 정말로 의미한 바라고 동의한 내용을 기록하였습니다. 저는 또한 Cambridge에서 Brueckner 이론의 타당한 근거를 제시한 Goldstone이라는 매우 유능한 대학원생을 만났습니다. Goldstone은 Feynman 도식을 써서 우리가 차근차근 단계별로 일관성 있는 근사 표현들을 얻을 수 있음을 보임으로써 Brueckner의 이론을 증명해 주었습니다.

그런 다음에는 그 이론을 활용하는 일이었습니다. 우리는 무엇보다도 먼저 우리에게 알려져 있는 결과들, 예를 들자면 입자 당 16 MeV인 핵 물질의 결합 에너지 및 핵 물질의 밀도를 계산하고 싶었습니다. 우리는 아직도

---

47 Keith Allen Brueckner(1924-2014), 미국인 이론 물리학자. 응축된 계의 다체이론, 레이저 핵융합 등 다양한 분야에 크게 기여함. 원자핵의 구조와 관련하여 공간에 놓인 핵자들 사이에 작용하는 힘에 관한 지식을 써서 원자핵의 성질을 산출하고자하는 이론을 제시함; Proceedings of the Royal Society of London 235A, No.1202, 408-418 (1956); Hans A. Bethe, Physica 22, 987-993 (1956) 참조.

그 일을 끝내지 못했지만 올바른 결과에 상당히 가까워졌습니다. 두 핵자 (nucleons)[48] 사이의 적절한 상호작용을 사용함으로써 약 13.5 MeV의 결합 에너지를 찾았습니다. 나머지 2.5 MeV가 어디서 오는지는 모르겠습니다만, 핵력의 속도 의존성 때문일 수도 있습니다. 왜냐하면 항상 우리는 핵력이 정적(static)이라고 가정하는데, 이 가정은 우리가 쉽게 생각할 수 있는 가장 단순하면서도 구체적인 가정일 뿐이지 우리가 반드시 그렇다고 믿는 것은 아니기 때문입니다.

결합 에너지에 대한 이러한 계산은 단지 우리가 어떤 알려진 물리량을 계산하여 바른 답을 얻을 수 있음을 보임으로써 그 방법을 확고히 해 놓는 것입니다. 그러나 정말로 우리가 하고 싶은 것은 당연히 실험적으로 쉽게 얻을 수 없는 미지의 양을 계산해 내는 것입니다. 지나간 4년 중에 마지막 3년 동안 제가 몰두해 온 문제는 크기가 유한한 핵을 향한 첫 걸음, 즉 표면이 있는 반무한 핵을 고려하는 것이었습니다. 우리는 여러 가지 방식으로 핵 표면의 모양과 두께를 계산했으며, 이 작업을 수행하고 있는 저의 학생이 마침내 지난 월요일부터 좋은 결과를 얻는 것을 보니 기쁩니다. 그의 계산 결과는 Stanford 그룹이 전자 산란 실험에서 관찰한 표면 두께인 약 2.4 fermi(1 fermi = 10^{-15} m)와 일치합니다.

이전에 우리는 올바른 표면 에너지, 즉 표면 에너지에 딸려 나오는 Weizsäcker 공식의 계수를 얻을 수 있었습니다.[49] 이처럼 우리는 실험의 정밀도 안에서 실험과 이론이 놀라울 정도로 잘 일치하는 좋은 결과를 얻

---

48 원자핵을 구성하고 있는 양성자, 중성자들을 일컫는 용어.

49 Weizsäcker formula는 원자핵의 결합 에너지와 질량에 대한 준현상론적인(semi-empirical) 표현식이며 1935년 Carl Friedrich von Weizsäcker가 최초로 제시함.

었습니다. 이제 우리는 ^{208}Pb와 같은 실제 핵에 대해서도 이것을 시도하고 있습니다. ^{208}Pb의 경우는 중성자와 양성자의 수가 서로 다르므로 쿨롱(Coulomb) 에너지와 비대칭(asymmetry) 에너지 항을 포함시켜야 합니다. 우리는 포도주 병 모양의 전하 분포를 얻을 징후가 보이며, 이 점은 실험적으로 뮤온형 원자(muonic atom)[50]에 대한 전자 산란과 X-선 에너지 준위의 조합에 의해 이미 잘 확립된 듯합니다.

그러므로 우리는 당연히 크기가 유한한 핵에 관한 계산 방법을 개발하려고 노력하면서 실질적인 유한한 핵 문제로 지금 바쁘게 지내고 있습니다. 우리는 근본적인 핵력에서 출발하거나 또는 중간 단계 (이는 제가 선호하는 것) 즉 우리가 이미 얻어 놓은 다양한 밀도를 가지는 크기가 무한한 핵 물질에 대한 결과에서 시작합니다. 이로부터 우리는 제일원리(first principles)에서 출발하여 어떤 핵은 길쭉한 형태에서 더 안정된 반면 또 다른 핵은 공처럼 둥근 형태에서 더 안정적이어야 한다는 점을 설명하고, 또한 핵의 모양에 따른 에너지 차이와 에너지 준위를 알려 줄 수 있는 간단하고 신뢰할 수 있는 유한한 핵 이론을 세우고자 노력합니다. 이에 대한 상당한 부분은 Princeton의 Gerry Brown[51]에 의해 이미 이루어졌으며, 그는 핵자들 사이의 실제적인 상호작용에서 출발하여 불완전하게 채워진 껍질 상태에 있는 핵자들의 상호작용에 대해 지금까지 많은 연구를 해왔습니다.

이제까지 말씀드린 것은 제가 관심을 갖고 해왔던 일들 가운데 저에게

---

50 뮤온형 원자는 어느 원자의 원자핵이 음(−)으로 대전된 muon을 포획해들인 원자를 지칭함. Muon은 전자보다 질량이 207배나 더 크므로 muon의 평균 궤도 반지름은 전자의 경우보다 크게 짧음.

51 Gerald E. Brown(1926-2013), 미국인 이론 물리학자. 천체 물리학과 핵물리학, 특히 핵 관련 다체 문제 연구를 선도함.

즐거움을 준 것의 일부였습니다. 여러분 모두도 저처럼 물리학을 하는 데서 큰 즐거움을 느끼시길 바랍니다.

이론 물리학의 연구 방법들
METHODS IN THEORETICAL PHYSICS

Paul Adrian Maurice Dirac[1]

저는 한 명의 이론 물리학자가 어떻게 일하는지—그가 자연 법칙을 더 잘 이해하기 위해서 어떻게 노력하는지에 대한 느낌을 말씀드리고자 합니다.

우리는 과거에 했던 일을 되돌아 볼 수 있습니다. 그렇게 함으로써 우리는 현재의 문제를 다루는 데 있어서 도움이 될 몇 가지 힌트를 얻거나 교훈을 배울 수 있을 것이라는 근원적인 희망을 우리 마음 한 구석에 품게 됩니다. 우리가 과거에 다루어야 했던 문제들은 근본적으로 오늘날의 문제들과 공통점을 가지고 있으며, 과거의 성공적인 방법들을 검토해 보면 현재에 도움이 될 수도 있습니다.

---

1   Paul Adrien Maurice Dirac(1902-1984), 영국의 이론 물리학자. 양자역학을 탄생시킨 사람 중 한 명으로서 20세기가 낳은 가장 저명한 물리학자 중 하나로 꼽힘. '원자 이론의 새로운 형식의 발견'으로 Erwin Schrödinger와 함께 1933년 노벨 물리학상을 수상.

우리는 이론 물리학자를 위한 두 가지 주요 탐구 절차를 구분할 수 있습니다. 그 중 하나는 실험적인 기반에서 출발하여 작업하는 것입니다. 그러기 위해서는 실험 물리학자들과 긴밀한 관계를 유지해야합니다. 실험 연구자들이 얻어 낸 모든 결과들을 읽어 내고 그 결과들을 포괄적으로 만족시키는 체계에 맞추고자 노력합니다.

다른 또 하나의 절차는 수학적인 기반에서 출발하는 것입니다. 이때 우리는 기존 이론을 고찰하고 비평합니다. 기존 이론의 결함들을 정확히 찾아낸 다음에 그 결함들을 제거하려고 합니다. 이 과정에서의 어려움은 기존 이론이 지니고 있는 매우 큰 성과들을 파괴하지 않으면서 그 결점들을 제거하는 것입니다.

이러한 일반적인 두 가지 절차가 있지만 물론 이들 둘 사이의 구별짓기에 예외가 없는 것은 아닙니다. 두 극단 사이에는 다양한 등급들이 있습니다. 어떤 절차를 따를지는 주로 연구 주제에 따라 달라집니다. 거의 알려진 바가 없는 주제에 대해서는 완전히 새로운 영역을 개척하는 경우이며 이 때는 실험에 기반한 절차를 따라 갈 것이 요청됩니다. 새로운 주제에 있어서 연구자는 먼저 실험적 증거를 수집하고 그것을 분류하게 됩니다.

예를 들어, 지난 세기에 원자의 주기율 체계에 대한 우리의 지식이 어떻게 구축되었는지 생각해 봅시다. 우선은 실험적 사실을 단순히 수집하고 그 결과를 배열했습니다. 그 체계가 구축됨에 따라 우리는 그 결과에 점차 신뢰감이 갔습니다. 마침내 그 주기율 체계가 거의 완성될 때에 이르러서 우리는 빈칸으로 남아 있는 곳에서는 새로운 원자가 발견되어 그 자리를 채우게 될 것이라고 예측할 수 있을 만큼 충분한 자신감을 가지게 되었습니다. 그러한 예측은 모두 실현되었습니다.

최근에 고高에너지 물리학 분야의 새로운 입자들에 대해서도 매우 유사한 상황이 발생했습니다. 빈칸이 발견되는 곳에는 그곳을 채울 새로운 입자가 발견될 것이라고 크게 확신하면서 입자들을 배치해 왔습니다.

알려진 바가 거의 없는 물리학의 어느 한 영역에 있어서, 그에 따른 결과가 거의 확실해 보이는 무모한 추론에 빠지지 않으려면, 우리는 실험적 기반을 지켜야 합니다. 제가 추론을 완전히 비난하려는 것은 아닙니다. 비록 추론이 잘못된 것이라고 밝혀지더라도 그것은 흥미로울 수 있으며, 또한 간접적으로 유용할 수도 있습니다. 우리는 항상 새로운 아이디어를 받아들이는 열린 마음을 가져야 하므로 추론을 전적으로 반대할 것이 아니라 과도하게 추론에 빠지지 않도록 주의해야 합니다.

우주론적 추론 COSMOLOGICAL SPECULATION

너무나 많은 추측이 있었던 연구 분야 중 하나는 우주론입니다. 우리가 계속 진행해야 할 어려운 사실들은 거의 없지만, 이론 연구자들은 자신들에게 끌리는 어떠한 가정에 기반하여 우주에 대한 다양한 모형을 구성하는 데 바빴습니다. 이들 모형들은 아마도 모두 틀렸을 것입니다. 일반적으로 자연의 법칙들은 항상 현재의 법칙들과 동일하였을 것이라고 가정합니다. 이것에 대한 타당한 이유는 없습니다. 법칙들은 변하고 있을 수 있으며, 특히 자연의 상수들(constants of nature)로 간주되는 양들은 우주적 시간에 따라 변할 수 있습니다. 이러한 변화는 그 모형을 세우는 이들을 완전히 황당하게 만들 것입니다.

주어진 주제에 대한 지식이 증가함에 따라 우리가 기반해서 작업을 시작할 수 있는 버팀목이 매우 많을 때 우리는 수학적 절차로 점점 더 넘어갈 수 있습니다. 그런 경우에 사람들은 수학적 아름다움을 추구하는 근본적인 동기를 가지게 됩니다. 이론 물리학자들은 수학적 아름다움의 필요성을 신앙적인 행위로 받아들입니다. 이에 대한 설득력 있는 이유는 없지만, 과거에 그것은 매우 유익한 목표였음이 입증되었습니다. 예를 들어, 상대성 이론이 널리 받아들여지는 주된 이유는 그 이론이 지니는 수학적 아름다움 때문입니다.

수학적 절차에는 우리가 따를 수 있는 두 가지 주요 방식이 있습니다: (i) 모순을 제거하는 방식과 (ii) 이전에는 흩어져 있던 이론들을 통합시키는 방식입니다.

접근 방식을 달리한 성공 SUCCESS THROUGH METHOD

방식 (i)을 통해 눈부신 성공으로 이어진 예가 많이 있습니다. Maxwell[2]은 당시 전자기학 방정식의 일관성을 탐구하면서 변위 전류(displacement current)를 도입하게 되고, 이를 통해 전자기 파동 이론을 도출했습니다. Planck[3]는 흑체 복사(black-body radiation) 이론의 문제점들에 대한 연구

---

2   James Clerk Maxwell(1831-1879).

3   Max Karl Ernst Ludwig Planck(1858-1947), 독일의 이론 물리학이자. 20세기 독일 물리학계의 지도자였으며, 양자역학의 성립에 핵심적 기여를 한 인물로 잘 알려짐. 에너지 양자화 이론(energy quantization theory)의 발견에 따른 새로운 물리학의 발판을 마련한 데 대한 공로로 1918년 노벨 물리학상 수상.

를 통해 양자量子(quantum) 개념을 도입했습니다. Einstein[4]이 흑체 복사에서 평형 상태에 있는 원자 이론의 문제점을 발견한 후 도입한 유도 방출(stimulated emission) 개념은 현대 laser[5] 원리로 이어졌습니다. 하지만 가장 훌륭한 예는 Newton의 중력(gravitation)과 특수 상대성 이론(special relativity)을 조화시킬 필요성에서 비롯된 Einstein의 중력 법칙(the law of gravitation) 발견입니다.

사실상 방식 (ii)는 그다지 유익한 것으로 입증되지 않았습니다. 물리학에서 두 개의 장거리(long-range) 장(fields)으로 알려진 중력장과 전자기장이 서로 연결되어야 한다고 생각할 수 있지만, Einstein은 이들 둘을 통합하기 위해 여러 해를 보냈으나 성공하지 못했습니다. 탐구할 명확한 모순 없이 각각 따로 존재하는 두 이론들을 통합하려는 직접적인 시도는 일반적으로 너무 어렵고, 혹여 결국에 성공하더라도 이는 간접적인 방식으로 다가올 것입니다.

실험적 절차를 따르느냐 아니면 수학적 절차를 따르느냐는 주로 연구 주제에 크게 의존하지만 전적으로 그렇지만는 않습니다. 그것은 또한 사람에 따라서도 다릅니다. 이것은 양자역학의 발견에서 설명됩니다.

---

4   Albert Einstein(1879-1955), 독일 태생으로 스위스와 미국에서 활동한 이론 물리학자. 역사상 가장 위대한 물리학자의 한 사람이며, 1905년 광전효과의 이론적 해석에 관한 기여로 1921년 노벨 물리학상을 수상.

5   Laser(light amplification by the stimulated emission of radiation; 복사선의 유도 방출에 의한 빛 증폭).

양자역학의 발견에는 Heisenberg[6]와 Schrödinger[7]가 관련되어 있습니다. Heisenberg는 1925년까지 엄청난 양의 데이터를 축적한 분광분석법(optical spectroscopy)의 결과들을 이용함으로써 실험적 기반에서 출발했습니다. 그 많은 실험 데이타들의 대부분은 쓸모 없었지만 일부는, 예를 들어, 다중 상태를 나타내는 스펙트럼 선들의 상대적 세기는 매우 유용했습니다. 그가 넘쳐나는 정보에서 중요한 것들을 골라 내고, 이를 자연스러운 체계로 정리할 수 있었던 점은 Heisenberg의 천재성이었습니다. 이렇게 그는 행렬(matrix) 방식으로 이끌렸습니다.

Schrödinger의 접근 방식은 상당히 달랐습니다. 그는 수학적 기반에서 출발했습니다. 그는 Heisenberg처럼 최신 분광분석 결과에 대해 잘 알지 못했지만 스펙트럼 진동수는 진동하는 스프링 계의 진동수들을 결정하는 것과 같은 고유값 방정식(eigenvalue equation)[8]에 의해 결정되어야 한다는 생각을 가지고 있었습니다. 그는 이러한 착상을 오랫동안 가지고 있었으며, 마침내 올바른 방정식을 간접적인 방식으로 찾아낼 수 있었습니다.[9]

---

6 Werner Karl Heisenberg(1901-1976), 독일의 이론 물리학자. 행렬역학(matric mechanics; 1925)과 불확정성 원리(uncertainty principle; 1927)를 발견하는 등 20세기 초반에 양자역학의 발전에 절대적인 공헌. "양자역학을 창시한" 공로로 1932년 노벨 물리학상을 수상.

7 Erwin Rudolf Josef Alexander Schrödinger(1887-1961), 오스트리아인 이론 물리학자. 1925년에 양자역학의 기본이 되는 물질 파동 방정식인 Schrödinger 방정식을 세운 공로로1933년 노벨 물리학상을 Paul Dirac과 공동으로 수상.

8 고유값 방정식은 주어진 계의 기본되는 독특한 특성을 드러내는 양인 고유값(eigenvalues)이 만족하는 방정식이며, 예를 들어 시간에 의존하지 않는 Schrödinger 방정식은 주어진 계의 에너지 특성에 대한 고유값 방정식임.

9 Schrödinger 방정식은 비상대론적 양자역학적 계의 시간에 따른 변화를 나타내는 선형 편미분 방정식으로서 물질파 파동역학에 대한 기본 방정식임.

상대성 이론이 가져온 충격 IMPACT OF RELATIVITY

이론 물리학자들이 그 당시 일했던 분위기를 이해하기 위해서는 상대성 이론이 가져다준 엄청난 영향력을 이해해야 합니다. 상대성 이론은 길고 어려운 전쟁[10]의 끝 자락에서 엄청난 충격을 주면서 과학적 사상의 세계로 뛰어들었습니다. 모든 사람들은 전쟁의 중압감에서 벗어나고 싶어했고 새로운 사고 방식과 새로운 철학을 열렬히 받아들였습니다. 그 흥분은 과학사에서 유례가 없는 것이었습니다.

이러한 흥분의 배경에서 물리학자들은 원자의 안정성에 대한 신비를 이해하기 위해 노력하고 있었습니다. Schrödinger는 다른 사람들과 마찬가지로 새로운 아이디어에 사로 잡혀 상대성 이론의 틀 안에서 양자역학을 설정하려고 노력했습니다. 모든 것은 시공간(space-time) 안에서 벡터(vectors)와 텐서(tensors)[11]로 표현되어야 했습니다. 이것은 유감스러운 일이었습니다. 상대론적 양자역학을 위한 시간이 아직 무르익지 않았으며, 결과적으로 Schrödinger의 발견도 지연되었기 때문입니다.

Schrödinger는 상대론적인 방식으로 파동과 입자를 연결 짓는 de

---

10 제1차 세계대전(1914년 7월 28일-1918년 11월 11일).

11 텐서는 스칼라(scalar)나 벡터(vector)를 좀더 일반화한 수학적 개념이며, 데이터들을 배치하는 데 필요한 방향의 개수를 그 텐서의 차원(rank 또는 order, n)이라 함. 예를 들어, 차원이 3인 텐서 물리량은 특정한 물성을 나타내는 데 3개의 방향이 필요한 경우이며, 흔히 크기, 방향, 그리고 평면이라는 3개의 매개 변수에 의해 그 물성이 특징지워진다. 고체에서 흔히 경험할 수 있는 변형력(stress)은 n = 3인 텐서 양의 한 가지 예이다. 한편, 벡터는 크기와 방향 만으로 특징 지워지는 양이며 n = 1인 '텐서'임.

Broglie[12]의 아름다운 아이디어에서 출발했습니다. De Broglie의 아이디어는 자유 입자에만 적용되었으며, Schrödinger는 이를 원자에 속박되어 있는 전자(electron)로 일반화하고자 했습니다. 마침내 그는 상대성 이론의 틀 안에서 성공했습니다. 그러나 그가 그의 이론을 수소 원자에 적용했을 때 그 결과는 실험과 일치하지 않는다는 점을 발견했습니다. 그 불일치는 그가 전자의 스핀(spin)[13]을 고려하지 않았기 때문입니다. 당시에는 스핀 개념이 알려져 있지 않았습니다. 그후에 Schrödinger는 자신의 이론이 비상대론적 근사에서는 옳다는 것을 알아차렸으며, 몇 달이 지난 뒤 그는 자신의 연구 결과의 등급을 낮춘 모습으로 출판하도록 자신과 타협하여 해야 했습니다.

이 이야기가 전하는 교훈은 우리가 한꺼번에 너무 많은 것을 성취하려고 하지 말아야 한다는 것입니다. 우리는 물리학의 난제들을 가능한 한 서로 분리시켜서 하나씩 처리해야 합니다.

Heisenberg와 Schrödinger는 각각 우리에게 두 가지 형태의 양자역학을 제시해 주었는데, 그 둘은 곧 동등하다는 것으로 밝혀졌습니다. 그들은 특정한 수학적 변환으로 서로 연결되는 두 가지 서술을 제공했습니다.

저는 수학에 기반을 둔 절차를 따르면서 매우 추상적인 시각으로 양자역학에 대한 초기 연구에 참여했습니다. 저는 Heisenberg의 행렬역학(matrix

---

12 Louis Victor Pierre Raymond de Broglie(1892-1987), 프랑스의 이론 물리학이자. 1924년에 'de Broglie 물질파'(matter wave) 가설을 주창하여 양자역학의 중심적인 개념으로 형성시킴. 그는 1927년에 실험적으로 물질파가 검증됨에 따라 1929년 노벨 물리학상을 수상.

13 물체의 '스핀'은 흔히 그 물체가 어느 축 주위로 회전하는 경우를 연상시킬 수 있으나, 전자(electron)나 양성자(proton)와 같은 입자들이 가지는 양자역학적인 '스핀'은 이들 입자의 자전과는 관련성이 없이 그 입자들이 지니는 고유한 특성임.

mechanics)에서 제안된 비非가환 대수학(noncommutative algebra)[14]을 새로운 동역학의 주요 특징으로 채택했으며, 고전 동역학이 어떻게 그것에 맞게 적응할 수 있는지 고찰했습니다. 다른 사람들은 이 주제에 대하여 다양한 관점에서 연구하고 있었으며 우리 모두는 동등한 결과를 거의 동시에 얻었습니다.

유익한 휴식 FRUITFUL RELAXATION

가장 좋은 아이디어가 떠오르는 것은 보통 우리가 적극적으로 노력할 때가 아니라 좀 더 편안한 상태에 있을 때였다는 점을 말씀드리고 싶습니다. Bloch[15] 교수께서는 열차 안에서 착상들을 얻을 수 있었으며, 종종 그 여정이 끝나기 전에 그것들을 해결할 수 있었다는 이야기를 들려줍니다. 저의 경우에는 그렇지 않았습니다. 저는 일요일에 혼자서 길게 산책을 하곤 하였으며 그러는 동안에 저는 한가롭게 현재 상황을 검토하는 경향이 있었습니다. 비록 산책의 주된 목적은 연구가 아니라 휴식이었지만 그러한 기회가 종종 유익한 것으로 판명되었습니다.

---

14 비가환 대수학은, 예를 들자면, 두 개의 수학적인 요소 a와 b의 결합 과정에서 두 요소들의 결합 순서가 그 결합의 결과에 영향을 주는 성질을 취급하는 추상 대수학의 한 분야.

15 Felix Bloch(1905-1983), 스위스 태생 미국인 이론 물리학자. 결정 격자 안에 놓인 전자들의 거동과 강자성(ferromagnetism)에 대한 근본적인 이해에 기여하였으며, 핵 자기 정밀 측정(nuclear magnetic precision measurements)의 새로운 기법 연구로 1952년 노벨 물리학상을 Edward Mills Purcell과 공동 수상함.

저에게 교환자(commutators)[16]와 Poisson 괄호(Poisson bracket) 사이의 연결 가능성이 떠올랐던 일은 이러한 경우 중 하나였는데, 그때 저는 Poisson 괄호가 무엇인지 잘 알지 못했기 때문에 그들 사이의 연결은 매우 불확실했습니다. 집에 돌아왔을 때 저에게는 Poisson 괄호를 설명해 주는 책이 한 권도 없다는 것을 알게 되었고, 그 착상을 확인하는 데는 다음날 아침에 도서관들이 문을 열 때까지 조바심을 내며 기다려야 했습니다.

양자역학의 발달로 우리는 이론 물리학은 새로운 상황을 맞이했습니다. 기본 방정식들인 Heisenberg의 운동 방정식, 교환 관계식(commutation relations) 및 Schrödinger의 파동 방정식은 이들의 물리적 해석이 알려지지 않은 채 발견되었습니다. 동역학적 변수들 사이의 비가환성(noncommutation) 때문에 고전역학에서 익숙했던 직접적 해석이 불가능했으며, 이들 새로운 방정식들에 대한 정확한 의미와 적용 방식을 찾는 것이 문제로 대두하였습니다.

이 문제는 직접적인 시도로는 해결되지 않았습니다. 사람들은 먼저 비상대론적 수소 원자 문제나 Compton 산란(Compton scattering)[17]과 같은 예들을 연구하고 이러한 예에 대하여 유효한 특별한 방법들을 발견했습니다. 사람들은 그 방법들을 점차 일반화하였고, 몇 년 후에는 오늘날 우리가 알

---

16 수학에서 '교환자'는 수학적인 두 요소 a와 b를 결합하여 또다른 요소를 생성시킴에 있어서 두 요소의 결합 순서 의존 관계를 나타내는 표현식을 일컬음. 예를 들자면, 추상 공간인 Hilbert 공간에서 두 연산자 a와 b의 교환자인 $[a, b]_{\pm} \equiv ab \pm ba$의 결과를 살피는 일이 양자역학의 중심적인 개념임.

17 Arthur Holly Compton(1927-1923), 미국의 실험 물리학자, 1927년 노벨 물리학상 수상)에 의해서 발견된 현상. 빛의 입자적 특성을 잘 보여 주는 실험.

고 있는 Heisenberg의 불확정성 원리(uncertainty principle)[18]와 파동함수 (wave function)[19]에 대한 일반적인 통계적 해석(statistical interpretation) 이라는 그 이론에 대한 완벽한 해석으로 발전했습니다.

양자역학에 대한 초기의 급속한 성장은 비상대론적 설정에서 이루어졌 지만, 사람들은 물론 이 상황에 만족하지 않았습니다. 단일 전자에 대한 상 대론적 이론, 즉 Schrödinger가 최초의 방정식으로 설정하였지만 Klein과 Gordon에 의해 재발견되어 그들의 이름으로 널리 알려진 Klein-Gordon 방 정식[20]에 대한 해석은 양자역학의 통상적인 통계적 해석과는 일치하지 않 았습니다.

텐서(tensor)에서 스피너(spinor)로 FROM TENSORS TO SPINORS

상대성 이론이 이해됨에 따라 모든 상대론적인 이론은 텐서 형식으로 표현 가능해야 했습니다. 이런 기준에서 보면 Klein-Gordon 이론보다 더 나을 수는 없었습니다. 대부분의 물리학자들은 하나의 전자에 대해서는 Klein-

18 불확적성 원리는 관측 가능한 두 물리량 사이의 교환자에 대한 규칙성에 대한 표현이다. 예 를 들자면, 주어진 계의 위치와 운동량 연산자 $\hat{x}$와 $\hat{p}$에 대한 불확정성 원리를 수학적인 연산 자로 나타내면 $[\hat{x}, \hat{p}] = i\hbar$임.

19 파동함수는 Schrödinger (파동) 방정식을 써서 구한 양자역학적인 계의 상태를 나타내는 상 태함수를 일컬으며, 일반적으로 복소수 함수임.

20 Oskar Benjamin Klein(1894-1977), 스웨덴 출신 이론 물리학자. 독일 계 이론 물리학자 Walter Gordon(1893-1939)과 함께 상대론적인 틀 안에서 양자역학적인 입자들의 거동을 기 술하는 Klein-Gordon 방정식을 제시함.

Gordon 이론이 최상의 가능한 상대론적 양자 이론이라고 만족했지만, 저는 항상 그것과 보편적인 원리들 사이의 불일치로 인해 불만족스러웠으며 해결책을 찾을 때까지 계속해서 속을 태웠습니다.

이제 텐서로는 불충분하며 스피너(spinor)[21]라고 부르는 두 가지 값을 가지는 물리량을 도입하고 텐서 개념에서 벗어나야 합니다. 텐서 개념에 너무 익숙해진 사람들은 그 개념에서 벗어나서 더 일반적인 것을 생각해 낼 수 없었으나, 저는 텐서보다 양자역학의 보편적인 원리에 더 집착했기 때문에 그렇게 할 수 있었습니다. Eddington은 텐서에서 벗어날 수 있다는 가능성을 알고서 매우 놀랐습니다. 우리는 하나의 특정한 사고 방식에 너무 집착하지 않도록 항상 경계해야 합니다.

스피너의 도입은 양자역학의 일반적인 원리와 일치하는 상대론적 이론을 제공했으며, 연구의 본래 의도는 아니었지만 이것이 전자의 스핀(spin)도 해명했습니다. 그러나 새로운 문제, 즉 에너지가 음(−)의 값이 되는 문제가 발생했습니다. 그 이론은 양(+)의 에너지와 음(−)의 에너지 사이에 대칭성을 제시하는 반면, 자연에서는 양(+)의 에너지만 나타납니다.

연구의 수학적 절차에서 자주 발생하는 것처럼 하나의 문제점을 풀어내는 일은 우리를 또 다른 문제점으로 이끕니다. 이런 경우에 사람들은 실질적인 진전이 없다고 생각할 수 있지만, 그렇지 않습니다. 두 번째 문제점은 첫 번째 것보다 더 멀리 떨어져 있는 크게 다른 것이기 때문입니다. 두 번째 문제점은 실제로 항상 있었으며, 단지 첫 번째 문제점이 제거됨으로써 눈에

---

21 양자역학에서 스피너(spinor)는 주어진 입자가 지니는 내재적인 각운동량인 spin 상태를 표현하는 '벡터'같은 양이며, 일반적으로 복소수 벡터 공간의 요소들이며 독특한 스피너 변환 특성을 지님. (http://www.weylmann.com/spinor.pdf 참조)

띄게 된 것일 수 있습니다.

　에너지가 음(−)의 값을 갖는 난제는 바로 이런 경우였습니다. 모든 상대론적 이론들은 양(+)의 에너지와 음(−)의 에너지 사이에 대칭성을 유지하지만, 이전에는 이론의 더욱 조잡한 결함으로 인해 그 문제점이 가려져 있었습니다.

　진공(vacuum)에서는 모든 음(−)의 에너지 상태가 채워져 있다고 가정하면 지금의 문제점은 제거됩니다. 그런 경우에 우리는 전자들(electrons)과 함께 양전자(positrons) 이론으로 안내됩니다. 이처럼 우리의 지식은 한 단계 성장하지만, 이번에는 개별 전자(electron)와 전자기장(electromagnetic field) 사이의 상호작용과 관련된 새로운 문제점이 대두됩니다.

　우리가 그 상호작용을 정확하게 서술하고 있다고 생각되는 방정식들을 기술하고 이를 풀어 보려고 하면, 그 값들이 유한해야하는 양들에 대하여 발산하는 적분을 얻습니다. 다시 말하지만, 이러한 문제점은 항상 이론 속에 잠복해 있었으며, 이제서야 주요한 문제로 등장하고 있습니다.

혹시 잘못된 방향인가? ON THE WRONG TRACK?

우리가 전자기장과 상호작용하는 점 전자들(point electrons)을 고전적으로 다루면 장(field)의 특이점과 관련된 문제점이 발견됩니다. 사람들은 이러한 문제점을 전자의 운동 방정식을 최초로 연구한 Lorentz[22]의 시절부터 알고 있었습니다. Heisenberg와 Schrödinger 양자역학의 초창기 사람들은 이러한 문제점들이 새로운 역학에서는 완전히 제거될 것이라고 생각했습니다. 그러한 희망이 이제는 성취되지 않을 것임이 분명해졌습니다. 문제점들이 전자들과 전자기장의 상호작용에 대한 양자 이론(quantum theory)인 양자 전기동역학(quantum electrodynamics)의 발산성(divergences)에서 문제점이 다시 나타납니다. 그것들은 음(−)의 에너지 값을 가지는 전자들로 이루어진 바다(sea of negative-energy electrons)와 관련된 무한대 항들로 다소 모양이 바뀌었을 뿐 주요한 문제로 두드러집니다.

이 발산 문제는 그 특성이 매우 까다로운 것으로 판명되었습니다. 20년 동안 아무런 진전이 없었습니다. 그러던 중에 Lamb이 발견하고 또한 해석한 "Lamb 이동"(Lamb shift)[23]을 시작으로 진전이 이루어집니다. Lamb 이

---

22 Hendrik Anton Lorentz(1853-1928), 네덜란드의 물리학자. 원자론을 전자기 이론에 도입한 고체의 전자 이론(electron theory), 상대성 이론의 발전에 크게 기여하였으며, Zeeman 효과의 발견과 이에 대한 이론적인 해석으로 Pieter Zeeman과 공동으로 1902년 노벨 물리학상 수상.

23 Lamb 이동은 수소 원자의 두 에너지 준위 $^2S_{1/2}$와 $^2P_{1/2}$의 에너지 값 차이를 의미하며, 이들 두 상태에 있는 전자와 진공 에너지 요동(vacuum energy fluctuation) 사이의 상호작용에 기인함. Dirac의 이론에서는 그 값이 겹치는 것으로 예상되나 Lamb과 Retherford가 1947년 수소 마이크로파 스펙트럼 실험에서 밝혀낸 이후 현대 재규격화 이론과 양자 전기동역학 발전을 이끄는 선도적인 역할을 수행함.

동은 이론 물리학의 특성을 근본적으로 변화시킵니다. 그것은 발산하는 항들을 버리는 규칙을 도입함으로써 잘 정의된 유수留數(residues, 나머지)를 실험과 비교할 수 있도록 하는 정확한 규칙 설정 과정이 포함되었습니다. 여기서 우리는 여전히 정규 수학이 아닌 실무적인 규칙을 사용하고 있습니다.

오늘날 대부분의 이론 물리학자들은 이 상황에 만족하는 것처럼 보이지만 저는 그렇지 않습니다. 저는 이론 물리학이 위와 같은 진전으로 인해서 잘못된 방향으로 가고 있으며 우리는 그 진전에 만족하지 않아야 한다고 생각합니다. 이러한 상황은 대부분의 물리학자들이 Klein-Gordon 방정식에 만족하면서도 그것이 수반하는 음(−)의 확률 때문에 괴로워하지 않았던 1927년의 상황과 몇 가지 유사성이 있습니다.

우리가 방정식에서 발산하는 항들을 버려야만 할 경우에 우리는 무엇인가 근본적으로 잘못된 점이 있음을 깨달아야 하며, 어떤 대가를 치르더라도 논리의 기본 개념들을 고수해야 합니다. 이 점에 대하여 염려하는 것은 하나의 중요한 진전으로 이어질 수 있습니다. 양자 전기동역학은 우리가 가장 잘 알고 있는 물리학의 영역이며, 아마도 다른 장 이론(field theories)으로 근본적인 진전을 이루어 내기를 희망하기에 앞서 그것이 정돈되어 있어야 할 것입니다.

현재의 양자 전기동역학을 논리적 기반에 두면 무엇을 할 수 있는지 살펴보겠습니다. 비록 이 소신에 대한 근거가 다소 흔들리더라도, 우리는 그 값이 작다고 믿을 수 있는 양만 무시하는 표준 관행을 지켜야 합니다.

무한대를 다루기 위해서는 절단(cut-off) 과정을 참조해야 합니다. 우리는 수학에서 절대적으로 수렴하지 않는 수열이나 적분이 있을 때마다 이것을 해야 합니다. 우리가 절단을 도입한 경우에 우리는 그것을 점점 더 멀리 잡고 결국 한계에 도달할 수 있는데, 그 한계는 절단의 방식에 따라 달라집니다. 그 대신에 절단을 유한하게 유지할 수도 있습니다. 후자의 경우에 우리는 절단에 민감하지 않은 양을 찾아내야 합니다.

양자 전기동역학에서 발산 항들은 입자와 장 사이의 상호작용 에너지의 고高에너지(high energy) 항에서 비롯됩니다. 그러므로, 절단 과정은 어떤 에너지 값 g를 도입하여 그 이상에서는 상호작용 에너지 항들을 생략해 버리는 절차를 수반합니다. 우리가 방정식을 논리적으로 풀 수 있는 가능성을 파괴하지 않고서는 g를 무한대로 잡을 수 없다는 것이 밝혀져 있습니다. 우리는 유한한 절단 과정을 고수해야 합니다. 그러면 이론의 상대론적 불변성이 깨어지게 됩니다. 이것은 유감이지만 논리에서 벗어나는 것보다는 덜 나쁜 것입니다. 그것은 g에 필적하는 에너지를 포함하는 과정들인 고에너지 과정들에는 유효하지 않은 이론을 초래하지만, 우리는 그것이 저低에너지 과정들에 대해서는 여전히 하나의 좋은 근사법이 될 것을 희망할 수 있습니다.

물리적인 근거에서 우리는 g가 수백 MeV 정도는 되어야 될 것으로 예상해야 합니다. 이 영역에서는 양자 전기동역학이 더 이상 자체 충족적인 주제가 되지 않아 물리학의 다른 입자들이 역할을 하기 시작하는 영역이기 때문입니다. 이론상 이러한 값의 g는 적절해 보입니다.

유한 절단을 써서 작업하는 데 있어서 우리는 절단의 정확한 유형과 그 값에 민감하지 않은 양을 검색해야 합니다. 그리하면 Schrödinger 묘사(Schrödinger picture)[24]가 적합하지 않다는 것을 알게 됩니다. Schrödinger

---

24 Schrödinger 묘사는 주어진 계의 양자역학적인 상태의 시간 의존성을 기술함에 있어서 계의 상태함수는 시간에 따라 변하나 관측 가능한 물리량 연산자는 상수라고 보고 계를 기술하는 방식.

방정식의 풀이들은 심지어 진공 상태를 서술하는 풀이 마저도 절단에 매우 민감합니다. 그러나 Heisenberg 묘사(Heisenberg picture)[25]에서는 절단 방식에 둔감한 결과로 이어질 수 있는 몇 가지 계산이 있습니다. 이런 방식으로 Lamb 이동과 전자의 비정상 자기 모멘트(anomalous magnetic moment)를 추론할 수 있습니다. 그 결과는 20여년 전에 무한대 항을 폐기하는 실무 규칙 방식으로 얻은 결과와 동일합니다. 그러나 이제는 적은 양만 무시하는 표준 수학에 따르는 논리적 절차로 그 결과를 얻을 수 있습니다.

이제 우리는 이 단계에서 Schrödinger 묘사를 사용할 수 없기 때문에 파동함수 절대값의 제곱과 관련된 양자역학의 정상적인 물리적 해석을 사용할 수 없습니다. 우리는 Heisenberg 묘사와 함께 사용할 수 있는 새로운 물리적 해석을 향해 나아가야 합니다. 양자 전기동역학의 상황은 우리가 운동 방정식은 가지고 있었지만 이에 대한 일반적인 물리적 해석이 없었던 초기의 기초 양자역학의 상황과 비슷합니다.

Lamb 이동과 비정상 자기 모멘트로 이어지는 계산의 특징에 주목해야 합니다. 우리는 시작 방정식에서 전자의 질량과 전하를 나타내는 매개 변수 m 및 e는 이들 양에 대해 관찰된 값들과 동일하지 않음을 발견합니다. 관찰된 값을 나타내기 위해 기호 m과 e를 유지한다면 시작 방정식의 m과 e를 $m + \delta m$ 및 $e + \delta e$로 대체해야 합니다. 여기서 δm과 δe는 계산해 볼 수 있는 작은 보정입니다. 이러한 절차를 재규격화(renormalization)라고 합니다.

---

25 Heisenberg 묘사는 주어진 계의 양자역학적인 상태의 시간 의존성을 기술함에 있어서 계의 상태함수는 시간에 따라 변하지 않으나 관측 가능한 물리량 연산자가 시간에 따라 변한다고 보고 계를 기술하는 방식.

양자 전기동역학의 문제점 DIFFICULTY IN QUANTUM ELECTRODYNAMICS

시작 방정식들의 이러한 변경은 허용됩니다. 우리는 우리가 좋아하는 시작 방정식들을 취하고 그로부터 추론하여 이론을 발전시킬 수 있습니다. 여러분은 이론 물리학자가 그가 선호하는 어떤 시작 가정들을 할 수 있다면 이론 물리학자의 작업은 쉽다고 생각할 수도 있지만, 그 이론의 모든 응용에 있어서도 동일한 시작 가정들이 필요하기 때문에 어려움이 발생합니다. 이것은 그의 자유를 크게 제한합니다. 재규격화는 전자기장과 상호작용하는 대전된 입자가 있을 때는 언제나 보편적으로 적용될 수 있는 단순한 변경이기 때문에 허용됩니다.

양자 전기동역학에는 광양자(photon)의 자체 에너지(self energy)와 관련된 심각한 어려움이 여전히 남아 있습니다. 이는 재규격화보다 더욱 복잡한 종류로 시작 방정식의 추가 변경을 통해 다루어져야 할 것입니다.

궁극적인 목표는 원자물리학 전체를 추론해 낼 수 있는 적절한 시작 방정식들을 얻는 것입니다. 우리는 이 목표에서 아직 멀리 있습니다. 그것을 향해 나아가는 한 가지 방법은 먼저 양자 전기동역학인 저에너지(low-energy) 물리학 이론을 완성한 다음, 그 이론을 점점 더 높은 에너지로 확장하는 것입니다. 하지만, 현재의 양자 전기동역학은 근본 물리학 이론에서 우리가 기대할 수 있는 수학적 아름다움의 높은 수준에는 부합하지 않고 있으며, 기본적인 발상에 있어서 대담한 변화가 여전히 필요하지 않을까 하는 생각이 듭니다.

이론, 비평, 그리고 철학

THEORY, CRITICISM, AND A PHILOSOPHY

Werner Heisenberg[1]

Abdus Salam:

1748년에 페르시아(Iran)의 샤한샤(Shahanshah; king of kings)였던 나디르 샤(Nadir Shah)가 인도(Mughal 제국)를 침공하여 제국의 수도 델리(Delhi)로 진군했습니다. 그는 인도의 Mughal 제국에게 심각한 패배를 안겼습니다. 델리는 점령되었고 두 나라의 왕들은 평화 협상을 위해 만났습니다. 유명한 공작 옥좌玉座를 델리에서 이란으로 이양하는 것을 포함하고 이 협상을 마무리 할 때 평화를 맹세하기 위해 패배한 인도 왕의 그랜드 비지어(Grand Vizier, 총리대신)인 Asifjah는 두 군주에게 약간의 와인을 바치도록 호출되었습니다. Vizier Asifjah는 의전이라는 딜레마에 직면했습니다. 딜레마

---

1   Werner Karl Heisenberg(1901-1976). (47페이지, 각주 6 참조)

는 "누구에게 첫 포도주 잔을 올려야 하나?"였습니다. 만일 그가 그것을 그의 주인에게 먼저 드리면, 모욕당한 페르시아인은 자기의 칼을 뽑아 Asifjah의 머리를 잘라 버릴지도 모를 일이었습니다. 만일 그가 그것을 침략자인 페르시아 왕에게 먼저 드린다면, 그의 주인은 그것을 원망할 수도 있었습니다. 잠시 후, Grand Vizier에게 멋진 해결책이 떠올랐습니다. 그는 자신의 주인에게 두 개의 잔이 담긴 황금 쟁반을 전하고 물러나면서 "오늘 와인을 올리는 일은 저의 소임이 아닙니다. 오직 임금님만이 임금님을 대접할 수 있습니다." 이러한 정신으로 저는 이번 주제의 최고 고수(Grand Master)이신 Dirac 교수에게 또 다른 최고 고수 Werner Heisenberg 교수를 소개해 주실 것을 요청합니다.

황금기가 시작될 무렵 WHEN A GOLDEN AGE STARTED

P. A. M. Dirac:
제가 Werner Heisenberg를 존경하게 된 가장 좋은 이유가 있습니다. 그와 저는 같은 시기에 거의 같은 나이로 같은 문제를 연구하는 젊은 연구생이었습니다. Heisenberg는 제가 실패한 곳에서 성공했습니다. 그 당시 축적된 대량의 분광 데이터가 있었으며, Heisenberg는 그것들을 처리할 적절한 방법을 알아내었습니다. 그렇게 함으로써 그는 이론 물리학의 황금기를 열었으며, 그 후 몇 년 동안은 모든 2등급 학생이 1등급 작업을 하는 것이 쉬웠습니다. 나중에 저는 그와 함께 장거리 여행을 할 수 있는 큰 행운을 얻었습니다.

우리가 매우 환대를 받으면서 즐겁게 지냈던 일본에서 저는 그가 등산을 얼마나 잘 하는지 그리고 그가 얼마나 훌륭한 높이 감각을 갖고 있는가를 발견했습니다. 우리는 돌 난간으로 둘러싸인 꼭대기에 단이 있는 높은 탑을 올라야 했습니다. 네 모퉁이의 석조물은 조금 더 높았습니다. Heisenberg는 난간 위로 올라간 다음에 한 모퉁이의 석조물로 올라가 전혀 지지되지 않은 채 넓이가 대략 6 in^2(1 in = 2.54 cm)인 정사각형 모양인 석조물 위에 서 있었습니다. 그는 그 구조물의 높이에도 아랑곳하지 않고 주변의 모든 풍경을 조사했습니다. 저는 불안감을 참을 수 없었습니다. 만약 바람이 불었다면 비극적인 결과를 낳았을 것입니다.

물리학에서의 첫 걸음 FIRST STEPS IN PHYSICS

W. K. Heisenberg:
저는 이 멋진 소개에 대해 Dirac에게 정말로 감사합니다. 저는 제가 가지고 있는 물리학에 대한 옛 기억들을 사람들이 이론 물리학에서 사용하는 방법에 대한 의문들과 연결시키고 싶습니다. 우리가 가질 수 있는 태도들은 매우 많습니다. 현상론적인 이론들을 세우려고 시도할 수 있고, 엄밀한 수학적 체계들에 대해 숙고할 수 있고, 또는 철학에 대해 깊이 생각할 수 있는 등입니다. 저는 제가 물리학을 하면서 겪었던 경험들과 관련하여 이러한 다양한 방법들을 꼼꼼히 살펴보고 싶습니다.

제가 대학에 입학하자 마자 당시 뮌헨 대학교(University of Munich)의 이론 물리학과 교수였던 Sommerfeld[2] 교수께서 제 방에 오셔서 "음, 자네

---

2   14페이지, 각주 4 참조.

원자물리학에 관심있나 본데, 문제 하나를 풀어 보겠어요?"라고 권했습니다. 저는 물리학에 대해 전혀 아는 것이 없었기 때문에 매우 관심이 많았지만, 그때 그는 이것이 꽤 쉬우며 엄밀한 수학 대신에 어떤 면에서는 마치 십자말(crossword) 퍼즐을 푸는 것과 비슷하다고 말했습니다. 그 문제는 이것이었습니다. 그는 방금 비정상 Zeeman 효과(anomalous Zeeman effect)의 스펙트럼 선에 대한 새로운 실험결과를 받았습니다. 제 생각에 이 스펙트럼은 Tübingen에 있는 실험 물리학자인 Back[3]이 얻은 것이라고 생각합니다. Sommerfeld 교수께서는 "이제 스펙트럼 선들을 받았으니까 우리는, Bohr 이론[4]에 따르면서, 각각의 스펙트럼 선들을 두 에너지 준위의 차이라고 서술하기 위해 개별 선들에 속하는 에너지 준위들을 계산하거나 결정하고자 하며, 그리고 나서 개별 준위에 양자수를 붙이면 이 실험결과를 재현할 수 있을 것입니다."라고 말했습니다.

물론 우리는 에너지들에 대한 공식을 양자수 및 그와 유사한 것들의 함수로 찾고자 시도해야 했습니다. 첫 번째 이 시도는 그만 대 재앙으로 끝났습니다. 저는 양자수로 정수(integer)가 아니라 반半정수(half integer) 즉 $\frac{1}{2}, \frac{3}{2}$ 등을 도입해야 됨을 알게 되었으며 Sommerfeld 교수께서는 이것을 보고는 몹시 충격을 받았기 때문입니다. 그는 그것이 완전히 틀렸다고 생각

---

3 Ernst Emil Alexander Back(1881-1959), 독일의 물리학자. Friedrich Paschen과 함께 강력한 자기장을 받는 원자의 스핀-궤도 각운동량의 결합이 풀리면서 그 에너지 준위가 분리되는 현상인 Paschen-Back 효과—이 효과는 Zeeman 효과를 강한 자기장의 경우로 확장한 것임—를 발견함. 그는 또한 Samuel Abraham Goudsmit와 함께 핵 스핀과 이의 Zeeman 효과를 최초로 측정함(1926-1927).

4 원자를 이루고 있는 전자들의 상태 구조에 대하여 1913년에 Niels Bohr가 제시한 모형이며, 양전하를 띤 원자핵 주위를 마치 태양계의 행성운동처럼 전자들이 원형 궤도를 따라 돌고 있는 것으로 묘사하는 준準고전적인 원자 모형.

했으며, 저와 같은 세미나 반의 학생이기도 했던 제 친구 Wolfgang Pauli 는 제게 다음과 같은 말을 했습니다.: "자네가 만약에 값이 반정수인 양자수를 도입하면 곧 이어서 정수의 $\frac{1}{4}$, 그 다음에는 정수의 $\frac{1}{10}$ 을 도입하게 되고, 결국에는 연속적인 스펙트럼 분석으로 돌아와서 우리는 고전 이론을 다시 갖게 될 것이다." 얼마 후 우리들 중에는 이 문제에 관심을 보이는 이들이 더 많아졌습니다. 그 중에는 Pauli, Hönl 등이 있었으며, 알고 보니 실제로 반정수를 양자수로 도입해야 한다는 것이 밝혀졌습니다. 우리는 현상론적인 물리학을 함께 공부하는 멋진 젊은이 그룹이 있었습니다. 즉 실험을 재현하는 듯한 공식을 창작했습니다. 이런 식으로 Landé 공식[5]이 발견되었으며 이어서 Sommerfeld와 Hönl의 다중항 공식들도 찾아 내었습니다.

현상론적 이론 PHENOMENOLOGICAL THEORY

이러한 시도들 중 하나가 저에게는 매우 인상 깊었으며, 현상론적인 이론의 한계성도 여러분께 보여드리기 위해서 말씀드리고자 합니다. Sommerfeld 교수는 저에게 Bohr의 「원자 이론」(Theory of the Atom)보다 앞서서 1913년 초에 Gottingen 대학 Voigt이 작성한 오래된 논문 한편을 말씀하셨습니다. Voigt는 Na 원소의 D 선(D line)들의 비정상 Zeeman 효과에 대한 이론을 제시한 바 있습니다. 이를 위해 그는 두 개의 D 선이 나오도록 배열된 두 개의 결합된 선형 진동자(linear oscillators)를 도입하고, 비정상

---

5   Alfred Landé(1888-1975), 독일의 물리학자. 원자 스펙트럼에 관한 양자이론 분야에 업적이 있으며, Landé 간격(interval) 규칙 및 비정상 Zeeman 효과에서의 Landé 공식 등을 제시함.

Zeeman 효과를 얻을 수 있는 방식으로 그는 그 결합을 가정할 수도 있었습니다. 그는 심지어 Paschen-Back 효과와 그 세기도 표현할 수 있었고 상당히 일반적으로 실험들을 매우 잘 재현할 수 있습니다. Sommerfeld 교수는 저에게 이러한 결과를 양자 이론의 언어로 번역해 달라고 다시 요청했고, 이 것은 쉽사리 해낼 수 있는 일이었습니다. 저는 에너지 준위와 세기에 대한 다소 복잡하고 긴 공식을 얻어냈으며, 그 공식은 자기장의 제곱과 결합 상수 등을 포함하는 긴 제곱근으로 나타내어졌으나 여전히 실험을 매우 잘 표현 하였습니다. 저는 이 현상론적 서술이 매우 이례적으로 잘 맞았기 때문에 이 경우를 언급했습니다. 하지만 이 경우가 과연 양자 이론과 관련이 있는지는 의문이었습니다. 6년이 지난 후에 우리는 양자역학을 자유자재로 사용할 수 있게 되었으며, Jordan[6]과 저는 양자역학을 통해 동일한 에너지 준위와 세기 를 계산하고자 했습니다. 우리는 Voigt의 것과 정확히 일치하는 동일한 긴 제곱근과 동일한 세기로 표현된 공식을 얻었습니다. 따라서, 현상론적 이론 이 우리는 어느 한 측면에서는 때때로 정확한 결과를 제공하고 결과적으로 실험과 매우 잘 일치하는 한에서는 매우 성공적일 수 있음을 알 수 있었습니다. 그렇더라도 현상론적 이론은 주어진 현상의 물리적 내용인 원자 내부에서 실제로 일어나는 것들에 대한 실재하는 정보를 동시에 주지는 않습니다. 물론, 결국에는 우리가 그 정보를 알 수 있게 됩니다. 양자 이론에서 비정상 Zeeman 효과를 계산하기 위해서 우리는 특성 행렬식(secular determinant) 으로 표현되는 섭동 문제(perturbation problem)를 풀어야 합니다. 이 특성

---

6 Ernst Pascual Jordan(1902-1980), 독일인 이론 수리 물리학자. 행렬역학의 수학적 형태와 Fermi 입자들에 대한 정준 반反교환(canonical anticommutation) 관계의 개발 등 양자 역학과 양자장 이론의 수리적 표현 정립에 크게 기여함.

행렬식은 미지수가 여러 개 있는 여러 선형 방정식들의 집합을 의미합니다. 이제 두 개의 결합 진동자들도 똑같은 경우입니다. 즉 그 진동자들도 몇 개의 미지수를 가지는 선형 방정식들을 의미하므로, 이들 두 이론의 물리적 내용은 매우 다르지만 결국에는 두 이론의 형식적인 체계에서는 동일하다는 점을 이해할 수 있습니다.

이와 같은 현상론적 시도들의 진정한 성공은 약간 다른 측면에 있었습니다. 시간이 지나면서 우리는 많은 경우에 실험에서 얻은 공식을 Bohr 이론과 비교하려고 노력했습니다. 그런데 아주 재미있는 일이 일어났습니다. 이러한 공식들을 Bohr 이론으로 정확히 재현하는 것이 결코 가능하지 않았습니다. 그러나, 우리는 여전히 실제 공식과 다소 유사한 결과를 Bohr 이론에서 얻었습니다. 예를 들어, Bohr 이론에서는 각운동량의 제곱이 예상되지만 실험적으로는 $J(J + 1)$를 얻는 경우와 비슷합니다. 오늘날 그러한 결과는 아주 명백합니다. 왜냐하면 이것들은 단지 군群(group)의 표현일 뿐이기 때문입니다. 그러나, 그 당시에 이것은 매우 이상한 결과였고, 왠지 Bohr 이론이 옳고 그런 결과는 왜 그런지 모르지만 매우 부정확했음을 의미하였습니다. 예를 들어, 각운동량(angular momentum)의 양자수는 결국 각운동량의 값으로 정의되었고 고전 물리학에서는 $\sqrt{J(J + 1)}$과 같은 표현이 등장하는 것은 사실상 불가능했기 때문에 우리는 이런 경우에 정말로 어찌해야 할지 몰랐습니다. 우리는 이러한 결과에 대해 상당히 당황했으며, 동시에 Bohr의 최근 논문을 비상한 관심을 갖고 연구했습니다.

Bohr는 그 당시에 원소 주기율표에 대한 논문들을 발표했으며, 우리는 10개 또는 20개 또는 30개의 전자들이 서로 다른 궤도 상태에 있는 모든 원소들의 매우 복잡한 구조를 배웠으나 어떻게 Bohr는 이러한 결과를 얻어낼 수 있었는지 이해할 수 없었습니다. 우리는 그가 고전 천문학의 끔찍한 난제를 풀어낼 수 있을 만큼 한없이 영리한 수학자임에 틀림없다고 느꼈습니다. 우리는 3체 문제(3-body problems)조차도 최고의 천문학자들이 풀어내지 못했다는 사실을 알고 있었으나, 이제 Niels Bohr는 전자들이 30개 또는 그 비슷한 정도를 가지는 문제를 해결할 수 있었습니다.

Bohr의 추측 BOHR'S CONJECTURE

2년간의 연구 끝에 1922년 여름, Sommerfeld 교수는 저에게 Göttingen에서 Bohr가 자신의 이론을 발표하는 학술회의에 그를 따라갈 수 있는지 물었습니다. Göttingen에서는 요즘 매년 그 기간을 "Bohr 축제"(Bohr festival)라고 부릅니다. 그곳에서 나는 처음으로 Bohr와 같은 분이 원자물리학 문제들을 어떻게 연구했는지 배웠습니다. Bohr가 그의 두 번째 강의를 했을 때 저는 감히 몇 가지 비평을 하기 위해 토론에 임했습니다. 저는 그가 칠판에 적었던 Kramers의 공식이 정확할 수 있는지에 대한 약간의 의구심을 언급했습니다. 저는 Munich에서의 토론을 통해 우리는 항상 절반 정도의 정확한 표현식들을 얻게 됨을 알 수 있었기 때문입니다. 그 식들이 부분적으로는 옳으나 또한 부분적으로는 옳지 않다는 것을 알았기 때문에 저는 그것이 결코 확신할 수 없다고 느꼈습니다. Bohr는 매우 친절하였으며 그는 제가 아주 어린 학생이라는 사실에도 불구하고 그 문제를 논의하기 위해 Göttingen 근처의 Hainberg 언덕까지 긴 산책을 제안했습니다. 저는 그때에 제가 이론 물리학에서 완전히 새로운 분야를 연구한다는 것이 정말 무엇을 의미하는지를 배웠다고 느꼈습니다. 우선, 제게 매우 충격적인 체험은 Bohr가 아무것도 계산해 보지 않았다는 것입니다. 그는 단지 자신의 결과들을 추측해 내었습니다. 그는 화학의 실험적 연구 상황과 다양한 원자들의 원자가(valencies)를 알고 있었습니다. 또한 궤도의 양자화에 대한 자신의 아이디어 또는 양자화 현상에 의해 설명될 원자의 안정성에 대한 자신의 아이디어가 어떻든 화학의 실험적 연구 결과와 맞아떨어진다는 점을 알고 있었습니다. 이를 바탕으로 그는 단순히 그가 우리에게 제시했던 자신의 결과들을 추측해 내었습니다. 저는 그에게 우리가 고전 역학을 기반으로 한 계산을 통해 이러한 결과들을 도출할 수 있다고 정말로 믿느냐고 질문했습니다. 그는 "글쎄요, 내가 원자에 대하여 도출해 낸 고전적인 묘사는 단지 그 고전적인 묘사 자체로서 훌륭하다고 생각하지요."라고 대답하면서 이것을 다음과 같이 설명했습니다. 그는 "우리는 이제 물리학의 새로운 장에 들어서고 있습니다. 이 영역에서는 예전 개념들은 아마도 작동하지 않을 것임을 알고 있습니다. 그렇지 않으면 원자들은 안정적인 상태에 있을 수 없을 것이기 때문입니다. 반면에, 우리가 원자에 대해 이야기하고 싶을 때는 단어들을 사용해야만 하고 이 단어들은 예전 개념, 즉 옛 언어에서 가져올 수밖에 없습니다. 그러므로, 우리는 절망적인 딜레마에 처해 있고, 마치 아주 먼 나라에 온 선원들과도 같습니다. 그들은 그 나라에 대하여 알지 못하고 언어를 들어 본 적이 없는 사람들을 만나기 때문에 그들은 의사 소통 방법을 모릅니다. 그러므로 고전적인 개념이 작동하는 한, 즉 우리가 전자들의 운동에 대하여, 그것들의 속도에 대하여, 그것들의 에너지 등에 관해서 이야기할 수 있는 한, 나는 나의 묘사들이 정당하며 최소한 그것들이 맞기를 바랍니다. 그러나, 그러한 언어가 얼마나 오래도록 유효할런지는 아무도 모릅니다."

이것은 저에게 매우 새로운 사고 방식이었으며, 물리학을 향한 저의 태도를 완전히 바꾸었습니다. Sommerfeld의 연구소에서는 항상 우리가 무언가를 계산해야만 하며 또한 오직 엄밀한 계산을 통해서만 좋은 결과를 얻을 수 있다는 것이 분명해 보였습니다.

이제 현상론적 이론에 대한 질문으로 다시 돌아와서 저는 Bohr와의 대화를 통해 이러한 모든 고전적 개념에서 벗어나야 하며 어느 한 전자의 궤도에 대해 이야기해서는 안된다는 인상을 받았습니다. 안개 상자(cloud chamber) 속에서 전자의 궤적을 볼 수 있다는 사실에도 불구하고 그 전자의 속도나 위치 등에 대해 말해서는 안됩니다. 물론 여러분이 이 단어들을 모두 버리면 여러분은 무엇을 어떻게 해야할지 모릅니다. 그래서 이것은 매우 이상한 딜레마이면서 또한 매우 흥미로운 상황이었습니다. 문제는 "그런 상황에서 우리는 무엇을 할 수 있는가?"였습니다.

제가 Bohr와 이러한 대화를 나누고 나서, 반년 후라고 기억됩니다만, 저는 Copenhagen에 갔고 Kramers와 함께 분산 이론에 대해 작업한 후 우리는 다시 이런 재미있는 상황을 발견했습니다.: Bohr 이론에서 유도될 수 있었던 표현식들이 거의 맞아 보였지만 사실은 맞지 않았습니다. 사람들은 점차 그러한 표현식들을 다루는 방법 즉 고전 물리학에서 이러한 현상론적 표현식들로 변환하는 방법을 습득했습니다. 이미 누군가는 결국에는 고전역학을 대체해야 하는 일종의 양자역학이 있어야 한다는 인상을 받았습니다. 양자역학은 고전역학과 크게 다르지 않을 수 있지만, 여전히 매우 다른 개념들을 사용해야 합니다.

이제 이러한 상황에서 이론에는 관찰될 수 있는 양들만 도입하는 것이 올바른 방향으로 나아가는 단계라고 종종 이야기되었습니다. 사실 지금의 문제와 관련하여 그것은 매우 자연스러운 아이디어였습니다. 왜냐하면 누군가는 진동수와 진폭이 있다는 것을 보았으며, 이러한 진동수와 진폭은 고전 이론에서 전자의 궤도를 대체할 수 있기 때문입니다. 이들의 전체 조합은 Fourier 급수[7]를 의미하고 Fourier 급수는 하나의 궤도를 설명합니다. 따라서 궤도 대신에 이러한 진폭과 주파수 조합을 사용해야 한다고 생각하는 것이 당연했습니다.

제가 Copenhagen에서 Göttingen으로 돌아왔을 때 저는 이곳에서 수소 스펙트럼의 세기를 알아내기 위하여 일종의 추측 연구를 다시 해보기로 결정했습니다. Bohr 이론은 수소 스펙트럼의 세기에 대해 잘 작동하지 않았습니다. 그러나, 왜 그것들을 알아내는 것이 불가능해야 합니까? 그 때는 1925년 초여름이었으며, 저는 완전히 실패했습니다. 표현식이 너무 복잡해져서 아무것도 얻어 낼 가망이 없었습니다. 동시에, 역학적인 시스템이 더 단순해진다면 Copenhagen에서 Kramers와 제가 했던 것과 똑같은 일을 하고 그 진폭을 알아내는 것이 가능할 수도 있다는 생각이 들었습니다. 그래서 저는 수소 원자에서 비非조화 진동자(anharmonic oscillator)[8]로 바꾸었습니다. 이것은 매우 단순한 모델이었습니다. 바로 그때 저는 병이 났으며, 회복하기 위해 Heligoland 섬으로 갔습니다. 그곳에서는 계산할 시간이 충분히 있었습니다. 고전역학을 양자역학으로 변환하는 것은 정말 간단하다는 것이 밝혀졌습니다. 그러나 저는 여기서 한 가지 중요한 점을 언급해야 하겠습니다. 단순히 "우리는 이제 전자 궤도 양들을 대체하기 위해 얼마만큼의 진동수와 진폭을 취하기로 하자."라고 설정하고 우리가 Copenhagen에서 이미 사용했으며 나중에 행렬 곱셈과 동일한 것으로 판명된 일종의 계

---

7 Fourier 급수級數(Fourier series)는 주기적인 함수를 주기가 서로 다른 사인(sine) 함수와 코사인(cosine) 함수들의 무한 합으로 전개한 급수를 일컬으며 프랑스의 수학자이면서 물리학자인 Joseph Fourier(1768-1830)가 도입함.

8 진동자에 작용하는 복원력의 크기가 평형점에서 벗어난 정도에 비례하지 않는 진동자를 일컬음.

산 방식을 사용하는 것만으로는 충분하지 않았습니다.

그저 그렇게만 한다면 고전 이론보다 훨씬 더 개방적인 체계를 갖게 될 것이 분명했습니다. 물론 고전 이론이 포함되고 양자 이론도 포함되겠지만 너무나 막연하므로 부가적인 조건들을 추가해야 했습니다.

우리는 Bohr 이론의 양자 조건들(quantum conditions)을 Thomas와 Kuhn의 합 규칙(sum rule)에 해당하는 공식으로 대체할 수 있다는 점을 밝혀냈습니다. 그러한 조건을 덧붙임으로써 갑자기 일관성 있는 체계를 가지게 되었습니다. 누군가는 이러한 일련의 가정들이 효과가 있다는 것을 알 수 있었고, 사람들은 에너지가 일정하다는 점 등을 알 수 있었습니다. 그러나 저는 그것으로부터 깔끔한 수학적 체계를 얻어 낼 수는 없었습니다. 그 후 얼마 지나지 않아 Göttingen의 Born과 Jordan, 그리고 Cambridge의 Dirac은 모두 완전히 닫힌 수학 체계를 발명할 수 있었습니다.: Dirac은 q 수 (q numbers)[9]에 대한 매우 독창적인 새로운 방법을 사용하였으며 Born과 Jordan은 행렬에 대한 좀더 전통적인 방법을 사용했습니다.

---

9   양자역학에 쓰이는 역학 변수 또는 일반적인 물리량에 대한 호칭이며, 양자역학에서 물리량들에 대한 대수학 체계를 나타내기 위해 Dirac이 제안한 quantum algebra를 따름. q-number 에서 글자 q는 'queer'(기묘한)를 가리킴.

이론과 관측에 대한 Einstein의 시각
EINSTEIN ON THEORY AND OBSERVATION

저는 지금 자세한 이야기를 하고 싶지는 않으나 '이러한 발전에 있어서 어떤 종류의 철학이 가장 중요했는가?'라는 측면에서 세부 사항들의 해석에 대해 이야기하고 싶습니다. 우선, 저는 그것이 아마도 관측 가능한 양만 도입하자는 아이디어라고 생각했습니다. 하지만 제가 1926년에 Berlin에서 양자역학에 대해 강연을 해야 했을 때, Einstein은 그 발표를 듣고 이 관점을 바로잡았습니다.

Einstein은 저에게 자신의 아파트로 와서 그 문제에 관하여 그와 의논해 보자고 제안했습니다. 그가 제게 맨 처음 물었던 것은 "당신의 매우 낯선 이론의 기반이 되는 철학은 무엇이었나요? 그 이론은 꽤 좋아 보이지만, 관측 가능한 양(observable quantities)만이라니 그게 무슨 뜻입니까?" 나는 안개 상자 안에 있는 궤적들에도 불구하고 전자 궤도를 더 이상 믿지 않는다고 그에게 말했습니다. 저는 사람들이 정말로 관찰할 수 있는 양으로 돌아가야 한다고 생각했으며, 이 점은 바로 그가 상대성 이론에서 사용했던 철학이라고 느꼈습니다. 왜냐하면 그는 절대 시간(absolute time)을 버리고 특정한 좌표계의 시간만을 도입했기 때문입니다. 이거 참, 그는 저를 비웃고는 말했습니다.: "하지만 우리는 그것이 완전히 잘못되었다는 것을 깨달아야 해요." "그런데, 왜 그런가요? 이 철학을 사용하신 것이 아니었습니까?"라고 저는 의아해했습니다. 그는 "아, 예 그렇습니다. 내가 그것을 사용했을지도 모르지만, 그래도 그것은 말도 안됩니다."라고 말했습니다.

Einstein은 저에게 사실은 그 반대라고 설명했습니다. 그는 "무엇을 관찰할 수 있느냐 없느냐 하는 것은 여러분이 사용하는 이론에 달려 있어요.

무엇이 관찰될 수 있는지를 결정하는 것은 이론입니다."라고 이야기했습니다. 그의 주장은 다음과 같았습니다: "관찰(observation)은 우리가 어떤 주어진 현상과 그 현상에 대한 우리의 깨달음 사이에 있는 어떤 연관성을 구성한다는 것을 의미합니다. 원자에서 어떤 일이 일어나고 있으며, 빛이 방출되고, 그 빛이 사진 건판寫眞乾板에 부딪히고, 우리는 그 사진 건판을 바라보는 등의 일들이 일어납니다. 원자와 우리의 눈과 우리의 의식 사이의 이 모든 일련의 사건들에서 여러분은 모든 것이 예전 물리학에서와 같은 식으로 작동한다고 가정해야 합니다. 만약 당신이 이 일련의 사건들에 관한 이론을 바꾼다면, 당연히 관찰도 바뀌게 될 것입니다." 그래서 그는 관찰될 수 있는 것에 대해 결정하는 것은 이론이라고 주장했습니다. Einstein의 이러한 언급은 훗날 Bohr와 제가 양자 이론의 해석을 논의하려고 했을 때 저에게 매우 중요했습니다. 이 점에 대해서는 나중에 이야기할 것입니다.

저와 Einstein과의 논의와 관련하여 몇 마디 더 언급하겠습니다. Einstein은 관측 가능한 양에 대해서만 이야기해야 한다고 말하는 것은 정말 위험하다고 저에게 지적했습니다. 왜냐하면 모든 합리적인 이론은, 사람들이 즉시 관찰할 수 있는 모든 것들 밖에도, 간접적으로 다른 것들도 더 관찰할 수 있는 가능성을 줄 것이기 때문이었습니다. 예를 들어, Mach 자신은 원자의 개념을 단지 편리성의 측면, 사고의 경제적인 관점이라고 믿었으며, 그는 원자의 실체를 믿지 않았습니다. 오늘날 모든 사람들이 이것은 말도 안 되는 소리라고 할 것이며, 원자가 실제로 존재한다는 것은 매우 명백하다고 말할 것입니다. 저는 또한 논리적으로 가능할지 모르지만 원자를 실제로 존재하는 것이라고 하는 것을 단지 우리들의 사고의 편의성이라고 주장한다면, 우리는 아무 것도 얻을 수 없다고 느낍니다. 이런 것들은 Einstein이 제기한 사항들입니다. 양자 이론에서는, 예를 들어, 우리가 양자역학을 받아들일 때, 여러분은 진동수와 진폭만 관찰할 수 있는 것이 아니라, 확률 진폭, 확률 파동 등도 관찰할 수 있다는 점을 의미했습니다. 물론 이것들은 전혀 다른 연구 대상들입니다.

저는 또한 누구인가가 어떤 관찰할 수 있는 양에 관한 새로운 체계를 고안했을 때, 물론 결정적인 질문은 "여러분은 오래된 개념들 중에 어느 것을 정말로 포기할 수 있는가?" 하는 것입니다. 양자 이론의 경우에 있어서 전자 궤도에 대한 개념을 버릴 수 있을 것이라는 점은 어느 정도 분명했습니다.

층류 흐름의 안정성 STABILITY OF LAMINAR FLOW

이제 현상론적 이론과 관련된 문제를 접어두고 다른 쪽의 경우로 넘어가겠습니다. 엄밀한 수학적 체계의 쓸모는 무엇이겠습니까? 여러분들이 아실 수도 있겠습니다만, 저는 엄밀한 수학적 방법들을 전혀 좋아하지 않습니다. 저의 이런 자세에 대한 몇 가지 이유를 말씀드리고 싶습니다. 저는 양자역학의 체계화가 아직 이루어지기 이전인 시기에 박사학위 논문을 작성해야 했습니다. Sommerfeld는 훌륭한 선생님이었기 때문에, 그는 제가 항상 원자이론에만 매달려서는 안된다고 생각했으며, 그는 저에게 "진흙탕 속만 걷는 것은 좋은 일이 아니므로 자네는 이론 물리학에서 제대로 된 수학적인 일을 해야 할 것이라네."라고 말했습니다. 그래서 그는 유체역학적인 문제를 제게 권했습니다. 저는 층류 흐름(laminar flow)의 안정성을 계산해야 했습니다. 그는 이 주제에 관한 논문을 작성한 적이 있었습니다. 정지해 있는 벽과 움직이는 벽 사이의 층류 흐름은 그의 제자 중 한 명이 탐구한 적이 있으나, Sommerfeld는 만족스럽지 않았습니다. 그 학생 Hopf는 안정성의 한계를 찾을 수 없었습니다. 모든 사람들은 실험적으로 속도가 너무 높아지면 액체의 층류 흐름은 난류(turbulent flow)로 넘어가며, 통계적으로 소용돌이(eddies)가 생성된다는 사실을 알고 있으며, 이것은 불안정한 현상처럼 보입니다. 그러므로 그러한 안정성 한계는 계산해 낼 수 있어야 할 것입니다. Sommerfeld 교수께서는 고정된 두 벽 사이를 지나가는 물 흐름의 안정성 계산을 저에게 제안했습니다. 이것은 저의 박사학위 논문이었고, 제가 믿었던 것처럼, 즉 안정성의 한계가 있다는 좋은 결과를 얻었습니다. 특정한 값의 Reynolds 수에서 그 흐름이 불안정해지고 난류 운동이 나타나며 이런 결과는 실험 사실과 일치하였습니다.

20년 후의 결과 SEQUEL AFTER TWENTY YEARS

그래서 저는 이 논문으로 학위를 받았습니다. 하지만 1년 후, 아주 훌륭한 수학자 Noether[10]는 제가 다루었던 이 문제에 대하여 또 다른 한 논문을 발표했는데, 그녀는 제가 다루었던 이 구조에서 그 흐름은 어디에서나 안정적일 것이며 불안정한 해가 없다는 것을 매우 엄밀한 수학적 방법으로 증명했습니다. 그것은 특히 제 학위를 고려했을 때 물론 매우 안타까운 결과였고, 저는 항상 Noether에 의한 이 논문을 제가 반증할 수 있기를 바랐습니다. 불행하게도 저는 그녀의 논문을 반증할 수 없었으며, 저는 실험적으로 안정성의

---

10 Amalie Emmy Noether(1882-1935), 독일 출신 여성 수학자. 추상 대수학 분야의 권위자이며, 수리물리학에서 대칭성과 보존 법칙의 관계성을 설명하는 Noether 정리(Noether's theorem)를 발견함.

한계가 분명히 있었기 때문에, 단지 실험 만을 바라 보아야만 했습니다. 이 문제가 명확해지기까지는 실제로 수년이 걸렸고, 저는 몇 가지 단계를 언급만할까 합니다. 5년 후 Tollmien[11]은 다른 종류의 흐름을 다루면서 실제로 안정성의 한계를 얻어냈습니다. 그는 그의 문제가 Noether의 경우와는 다르다고 주장할 수 있었으며 Noether의 결과에 대한 수학적 논쟁에는 해당되지 않았습니다. 그 후 제가 박사 논문을 발표한 지 20년이 지난 1944년, 미국에서 Dryden과 그의 공동 연구자들은 두 개의 벽 사이의 층류 흐름과 난류로의 전환에 대해 매우 정밀한 측정을 수행했습니다. 그들은 제가 해낸 계산들이 실험에 잘 들어맞는다는 것을 알아냈습니다. MIT의 Lin은 이 문제를 계속 탐구하였으며, 새롭고 더 나은 방법으로 이전의 결과들을 확인해 주었습니다. 하지만 일부 수학자들은 그의 결과를 믿지 않았으며, 우리는 1950년에 MIT에서 이 문제에 대해 오랫동안 토론했습니다. 그리고 나서 von Neumann[12]은 그 문제에 전자 컴퓨터 중 하나를 사용해야 한다고 결정했습니다. 그래서 그 당시 가장 큰 컴퓨터가 마침내 이 문제를 해결하는 데 사용되었고, 제 논문에 제시된 앞선 근사 계산값들은 정확한 값에서 20% 이상을 벗어나지 않는다는 점이 밝혀졌습니다. 그렇게 되고 나서 이제 문제는 "그 엄밀한 수학 논문은 어떻습니까?"였습니다. 글쎄요, 문제는, 제 생각에, 지금 이 순간에도 그 논문에 오류가 무엇인지를 아무도 모른다는 것입니다.

---

11 Walter Tollmien(1900-1968), 독일인 유체 물리학자. 유체역학을 학제 간 과학으로 끌어 올림으로써 각광 받게 함.

12 John von Neumann(1903-1957), 헝가리 출신 미국인 수학자, 물리학자, 전산 과학자로서 순수 과학과 응용과학을 통합시킨 박식가. 게임 이론(game theory)과 세포 자동장치(cellular automata), 자기 복제(self-replica) 개념 정립에 크게 기여함.

수학적 실수 찾기 FINDING A MATHEMATICAL MISTAKE

한편, 실수가 어디에 있었는지 우리가 아는 또 다른 한 사례가 있었습니다. 그것은 Edward Teller[13]가 1928년쯤에 Leipzig에 있는 저의 연구소에 와서 박사 학위논문 일을 하고 싶어했을 때였습니다. 저는 그에게 난류에 대한 문제를 주지 않았습니다. 왜냐하면 그 당시는 이미 양자역학은 상당히 흥미로운 물리학이었기 때문입니다. 그래서 저는 그가 두 개의 양성자와 하나의 전자로 이루어진 H-분자[14]에 관심을 가질 것을 제안했습니다. 저는 그에게 Bohr의 제자 중 한 명인 Burrau가 방금 이 분자 이온의 정상 상태(normal state)에 관하여 좋은 논문을 출간했으며 실험과 일치하는 결합 에너지 값을 얻었다는 이야기를 해주었습니다. Teller는 그 분자의 들뜬 상태를 살펴봐야만 했습니다.

몇 주 후에 Teller가 제 방으로 와서 최근에 Wilson이 쓴 새 논문이 나왔으며 Wilson은 Burrau의 수학적 방법보다 훨씬 나은 정교한 수학적 방법을 사용하여 H-분자의 정상 상태가 존재하지 않는다는 것을 증명할 수 있었다는 이야기를 전했습니다. 그러나 이 또한 안타까운 결과였고 저는 Teller에게 그 결과는 오류임에 틀림없다고 말했습니다. 왜냐하면 분명히 그 분자는

---

13 Edward Teller(1908-2003), 헝가리 태생 미국인 이론 물리학자. 맨해탄 프로젝트에 참여한 초기 과학자의 일원으로서 수소폭탄의 아버지라고도 불림. 핵물리학, 분자 물리학, 분광학, 표면과학 분야의 발전에 크게 기여하였으며, 특히 영국인 과학자 Hermann Arthur Jahn(1907-1979)과 함께 응집물질 계의 자발 대칭 깨짐(spontaneous symmetry breaking) 현상의 주요 기구(Jahn-Teller 효과)를 밝혀냄으로써 분광학, 양자 화학, 결정 화학(crystal chemistry), 분자 및 고체 물리학, 재료과학 분야에 영향을 줌.; H. Jahn and E. Teller, Proceedings of the Royal Society **A161** (905), 220-235 (1937).

14 H_2^+

존재하므로 우리가 바꿀 수 있는 일이 아니기 때문입니다. 하지만 Teller는 "Wilson의 수학은 정말 훌륭해서 그것에 대해서는 우리가 아무 말도 할 수 없습니다."라고 말했습니다. 그래서 Teller와 저는 그것에 대하여 꽤 많이 논쟁을 하였습니다. 그런 뒤, 제 생각에 두 달 정도 후에, Teller는 Wilson의 논문에서 실제로 오류를 발견했고, 그것은 꽤 흥미로운 실수였습니다. 오류는 다음과 같았습니다. Wilson의 수학적 방법은 사실 훌륭했지만 논문에서 이렇게 주장했습니다: "우리는 Schrödinger 함수가 중심에서 멀리 떨어져 있는 두 곳에서는 0이 되어야 된다는 점을 알고 있다. 이것은 맞다. 따라서, 우리의 해석 함수(analytic function)[15]는 정칙正則(regular)이라야 하고 무한대 지점에서는 그 값이 0이어야 한다."—이것은 잘못되었습니다. 왜냐하면 그것은 실수 축에서 0으로 가는 것으로 충분하며 허수 축에서는 그렇지 않기 때문입니다. 사실, 이것은 그냥 누구나 흔히 할 수 있는 실수일 뿐입니다. 저는 Noether가 난류 문제에서도 비슷한 실수를 했기를 바라지만 저는 그것을 확인해 보지 않았기 때문에 모릅니다.

정교한 계산과 지저분한 계산 RIGOROUS AND DIRTY MATHEMATICS

이제 여러분은 왜 제가 항상 엄밀한 수학적 방법에 대해 회의적인지 이해하셨을 것으로 생각합니다. 아마도 저는 그것에 대해 좀 더 깊은 이유를 제시해야 할 것 같습니다. 엄밀한 수학적 방법에 여러분의 노력을 너무 많이 기

---

15 해석 함수란 주어진 구역에서 국소적으로 수렴하는 멱급수로 표현되는 함수를 일컫는 수학적인 개념임.

울이다 보면 물리학의 관점에서 볼 때 중요하지 않은 부분에 주의를 고정시키게 되어 실험적인 상황에서 벗어나게 됩니다. 제가 주로 해왔던 것처럼 여러분이 다소 덜 엄밀한 계산으로 문제를 풀려고 하다면 여러분은 항상 실험 상황을 생각하게 되며, 어떠한 표현식을 적든 간에 여러분은 그 표현식을 실제와 비교하려고 노력합니다. 그래서, 어떻게 해서든 여러분은 엄밀한 방법을 찾는 것보다 현실에 가까워지게 됩니다. 하지만 이것은 물론 사람마다 다를 수 있습니다.

이제 다시 양자역학으로 돌아가 봅시다. 새로운 이론의 발전과 관련된 일은 항상 저에게 가장 매력적인 것처럼 보였습니다. 여러분이 이처럼 새로운 분야에 발을 들여놓게 되는 경우에 있어서 문제는 현상론적인 방법으로는 항상 옛 개념들을 사용하게 마련이라는 것입니다. 왜냐하면 여러분은 그 외의 다른 개념이 없으며 이론적인 연결을 맺는다는 것은 오래된 방법을 이 새로운 상황에 적용하는 것을 의미하기 때문입니다. 그러므로, 결정적인 단계는 항상 다소 불연속적인 단계가 되게 마련입니다. 여러분은 결코 조금씩 조금씩 나아가서 실제 이론에 도달하기를 바랄 수는 없습니다. 어느 한 지점에서 여러분은 반드시 옛 개념들을 버리고 새로운 것을 시도해야만 합니다. 그리고 나서 여러분이 앞으로 나아갈 수 있는지, 그곳에 멈추어서 있을 수 있는지, 혹은 다른 무엇인가를 할 수 있는지를 살펴보아야 합니다. 하지만 어떤 경우에도 여러분은 묵은 개념들을 지켜 갈 수 없습니다. 이것은 양자역학에서 다음과 같은 방식으로 일어났습니다.: 처음에는 수학적 체계를 가지고 있었고, 그 다음에는 당연히 그것과 관련하여 합리적인 언어를 사용하려고 시도해야 했습니다. 마지막으로, 우리는 물어볼 수 있었습니다.: "이와 같은 수학적 체계는 어떤 개념들을 의미하며, 우리는 자연을 어떻게 설명해야 할까요?"

옛 개념들 포기하기 ABANDONING OLD CONCEPTS

이와 같은 새로운 이론이 개발되는 단계에서 가장 어려운 부분은 중요한 옛 개념들 중 일부를 버리는 것입니다. 훌륭한 물리학자라면 누구나 기꺼이 새로운 개념을 얻고 싶어하겠지만 최고의 물리학자들조차 때때로 아주 오래되고 겉보기에 안전한 개념들을 버리기를 꺼립니다. 옛 개념에서 벗어날 수 없다는 이 느낌은 양자역학의 발전에서도 매우 강했습니다. 여러분들도 아시다시피 그것이 상대성 이론의 발달에서도 매우 강했으며, 심지어 오늘날에도 여기저기서 사람들은 특수 상대성 이론의 납득을 거부하는 논문들이 등장하고 있습니다. 그들은 "동시적 사건들"에 대한 옛 개념에서 벗어날 수 없기 때문에 그것을 이해할 수 없습니다. 양자 이론에서는 Schrödinger의 파동역학(wave mechanics)과 양자역학에 대한 논의에서도 어느 정도 같은 일이 일어났습니다. 저는 1926년 여름에 있었던 Schrödinger의 한 강연과 그 후의 토론이 기억납니다. 여기서 그것에 대해 언급을 해야 할 것 같습니다. 제가 Schrödinger를 비판하기 위해서가 아니라, 옛 개념에서 벗어나는 것이 얼마나 어려운지를 보여 주기 위해서 말입니다. Sommerfeld의 초청으로 Schrödinger는 파동역학에 대해 강의를 했고, 그 자리에는 실험 물리학자인 Wilhelm Wien[16]도 있었으며, 당시에 Bohr의 이론은 일반적으로 훌륭한 이론으로 인식되지 않았습니다. 예를 들어 Munich의 실험 물리학자들은 양자 용어들과 양자 도약(quantum jumps)의 그 모든 장난들을 싫어했으며, 그들은 이것을 원자론적 신비주의(atomystic; atomistic mysticism)라

---

16 Wilhelm Wein(1864-1928), 독일인 물리학자. 열복사 법칙 발견의 공로로 1911년 노벨 물리학상 수상.

고 불렀습니다. 그리고 그들은 그것이 고전물리학과 너무 다르다고 느꼈기 때문에 심각하게 받아들여서는 안 된다고 생각했습니다. 그러므로 Wilhelm Wien은 Schrödinger의 새로운 해석을 듣고는 매우 기뻐했습니다.

여러분도 아시는 바와 같이 Schrödinger는 한동안 Maxwell 이론과 같은 개념의 파동역학을 사용할 수 있다고 믿었습니다. 그는 물질파(matter waves)[17]가 전자기파처럼 시간과 공간에 대한 3차원 파동에 불과하기 때문에 에너지의 고유값은 실제로 진동의 고유값이지 에너지는 아니라고 가정했습니다. 그래서 그는 모든 종류의 양자 도약들과 그가 신비주의라고 부르는 그 밖의 모든 것들을 피할 수 있다고 믿었습니다. Schrödinger의 강의가 끝난 후 나는 토론에 참여했으며, 그러한 해석으로는 Planck의 법칙 조차도 이해할 수 없다는 느낌이 든다고 주장했습니다. 왜냐하면 결국 Planck의 법칙은 에너지 등의 불연속적인 변화에 바탕을 둔 실제 양자 이론에 기초했기 때문입니다. 그러자 Wien은 이 말에 너무 화가 나서 이렇게 말했답니다.:" 아, 젊은이, 이제 당신이 양자역학과 양자 도약 그리고 나머지 모든 것들을 잊어야 된다는 것을 우리는 이해하지만 당신은 Schrödinger가 이 모든 문제들을 곧 해결할 것이라는 것을 알게 될 것입니다."

저는 단지 이러한 문제에 대하여 물리학자들 사이에서 얼마나 강한 열정을 가질 수 있는지를 보여 주기 위해 이 에피소드를 언급했습니다. 물론, 저는 Wien이나 Schrödinger를 설득하는 데 완전히 실패했습니다. 그러나 그 결과로 Bohr는 Schrödinger를 Copenhagen으로 초대했습니다.

---

17 물질파는 1924년에 de Broglie가 하나의 가설로 제시한 개념이며, 이후 모든 운동 중인 물질은 파동적인 특성을 지니고 있으며 나아가 자연계가 드러내는 물질-파동 2중성으로 확립된 양자역학의 중심적인 개념으로 자리 잡음.

Schrödinger는 1926년 9월에 Copenhagen으로 왔습니다. 매우 친절하고 훌륭한 인품인 Bohr는 매우 우호적인 방식으로 때때로 거의 열광적이기도 했습니다. Schrödinger가 서 있을 때마다 Bohr 역시 함께 일어나서 "하지만 Schrödinger, 자네는 이해해야 해요, 정말 이해해야 합니다."라고 말했던 것을 저는 기억합니다. 이틀 후에 Schrödinger는 병이 났습니다. 그는 잠자리에 들어야 했고, Mrs. Bohr께서는 다과를 가져오곤 했지만, Bohr는 침대 머리맡에 앉아서 "하지만 Schrödinger, 자네는 이걸 이해해야만 해요."라고 말하곤 했습니다. 이 시간이 지난 후 Schrödinger는 적어도 양자 이론을 해석하는 것이 그가 생각했던 것보다 한층 더 어렵다는 것을 이해했습니다.

또한 Copenhagen에서 우리는 아직 그 해석에 대해 그다지 만족하지 않았습니다. 왜냐하면, 우리는 원자의 경우에는 전자 궤도의 개념을 버리는 것이 괜찮다고 느꼈기 때문입니다. 하지만 안개 상자 안에서는 어떻습니까? 안개 상자 안에서 여러분은 트랙을 따라 움직이는 전자를 볼 수 있습니다. 이것은 전자 궤도일까요, 아닐까요?

양자 이론을 이해하다 QUANTUM THEORY UNDERSTOOD

Bohr와 저는 여러 날 밤 이 문제들을 토론했고 우리는 종종 절망적인 상태에 빠지곤 했습니다. Bohr는 파동(waves)과 입자(particles)라는 이중성(duality)의 측면으로 더 많이 시도했으나, 저는 수학적 형식론(formalism)에서 접근하여 일관된 해석을 찾아내는 것을 선호했습니다.

마침내 Bohr는 그 문제에 대해 혼자서 생각해 보려고 Norway로 갔고 저는 Copenhagen에 남았습니다. 그때 저는 우리들의 토론에서 "무엇이 관찰될 수 있는지를 결정하는 것은 이론이다."라고 Einstein이 했던 논평을 기억했습니다. 거기서부터 우리는 "나는 안개 상자 안의 전자의 이 궤도를 양자역학에서 어떻게 표현할 수 있을까?"라고 묻는 것이 아니라 질문을 돌려서 "양자역학의 수학적 형식론으로 서술될 수 있는 그러한 상황들 만이 현실적으로 안개 상자 안에서 조차도 일어난다는 점은 사실이 아닌가?"라고 질문을 던지는 것이 쉬웠습니다. 이처럼 돌아감으로써 저는 이 형식론으로 기술될 수 있는 것이 무엇인지 조사해야 했습니다. 그리고 나서, 특히 변환 이론에 대한 Dirac과 Jordan의 새로운 수학적 발견들을 사용했을 때, 우리들은 주어진 어느 한 전자의 정확한 위치와 정확한 속도를 동시에 기술할 수 없었다는 점을 매우 쉽게 볼 수 있었습니다. 우리는 이러한 불확정성 관계(uncertainty relations)를 확인했으며, 이렇게 해서 모든 것이 분명해졌습니다. Bohr가 Copenhagen으로 돌아왔을 때, 그는 그의 상보성(complementarity)[18] 개념이라는 대등한 해석법을 발견했고, 우리는 마침내 양자 이론을 이해했다는 점에 동의했습니다.

---

18 상보성은 양자역학적인 계가 드러내는 물질-파동 이중성의 한 단면이며, 그 계에 대한 상태를 나타내는 데 이들 두 가지 특성은 서로 보완적으로 작용한다는 Bohr가 제시한 양자 이론의 중심적인 개념임.

Einstein의 가상 실험들 EINSTEIN'S FICTITIOUS EXPERIMENTS

우리는 1927년 Solvay 회의[19]에서 Einstein과 Bohr가 상보성 문제를 논의 했을 때 어려운 상황을 다시 한번 만났습니다. 거의 매일 반복된 사건들의 순서는 다음과 같았습니다.: 우리는 모두 같은 호텔에 묵었습니다. 아침에 Einstein이 나타나서 Bohr에게 불확정성 관계 곧 그에 따른 양자 이론에 대한 우리들의 해석을 반증시킬 수 있는 새로운 가상의 실험을 제시하곤 했습니다. 그러고 나면 Bohr, Pauli, 그리고 저는 매우 긴장되곤 했으며, 우리는 Bohr와 Einstein을 따라 회의장에 가서 하루 종일 이 문제에 대해 토론하였습니다. 하지만 저녁 식사 자리에서는 대개 Bohr는 문제를 해결했으며 Einstein에게 답을 주었습니다. 그래서 우리는 모든 것이 괜찮다고 느꼈으나 Einstein은 그것에 대해 약간 미안해 하면서 더 생각해보겠다고 말했습니다. 다음날 아침이 되면 그는 새로운 가상 실험을 가져왔으며 우리는 다시 그것을 토론해야 했습니다. 이 일은 꽤 여러 날 동안 계속되었으며 회의가 끝날 무렵이면 Copenhagen 물리학자들은 자신들이 논쟁에서 이겼고 사실상 Einstein은 어떤 이의도 제기할 수 없다고 느꼈습니다. 제 생각에 Bohr의 가장 훌륭한 주장은 그가 한때 Einstein을 반증하기 위해 Einstein의 일반

---

19 솔베이 회의(Conseil Solvay; Solvay Conference)는 벨기에의 화학자이면서 기업가였던 Ernest Solvay(1838 –1922)가 "There are no limits to what science can explore."라는 신념으로 조직하여 1911년부터 3년 주기로 개최되는 물리학 및 화학 분야 국제 학술회의. 이 회의는 현재까지 이어지고 있으며, 초기 참석자들 중에는 Max Planck, Ernest Rutherford, Maria Curie, Henri Poincaré, Albert Einstein, Niels Bohr, Werner Heisenberg, Max Born, Erwin Schrödinger 등을 포함한다. (http://www.solvayinstitutes.be/html/solvaycon-ference.html 참조)

상대성 이론을 사용했다는 것입니다. Einstein은 어떤 구조물의 무게가 중력에 의해 결정되도록 하는 실험을 제안한 바 있으므로 Bohr는 불확정성 관계가 옳다는 점을 보여 주기 위하여 일반 상대성 이론을 들먹여야만 했습니다. Bohr는 성공했고 Einstein은 어떤 이의도 제기할 수 없었습니다.

전자들과 원자핵 ELECTRONS AND THE NUCLEUS

이제 저는 좀 더 최근에 진전된 사태들로 돌아옵니다. 저는 상대론적 양자 이론에 들어가기에 앞서 핵물리학에 대해 몇 마디 해야 할 것 같습니다. 여기서 제가 말씀드리고 싶은 단 한 가지 요점은 새로운 개념들을 받아들이는 것이 오래된 개념들을 버리는 것보다 훨씬 쉽다는 것입니다. 사실, 1932년 Chadwick[20]이 중성자를 발견했을 때에 원자핵은 양성자와 중성자로 이루어져 있다고 말하는 것은 거의 자명한 일이었다고 생각되지만, 원자핵에 전자가 없다고 말하는 것은 그렇게 간단한 일이 아니었습니다. 원자핵의 구조에 대해 제가 쓴 논문들의 결정적인 요점은 원자핵이 양성자와 중성자로 구성되어 있다는 것이 아니라, 실험적 사실과 명백하게 모순되게 원자핵에는 전자가 없다는 것이었습니다. 그 당시만 해도 모든 사람들은 핵에 전자가 있을 것이라고 추측했습니다. 왜냐하면 전자가 가끔 핵에서 나오기 때문입니다. 따라서 전자들이 핵 안에 없었다는 것은 매우 이상한 일이었습니다. 물론, 그 아이디어는 중성자와 양성자 사이의 단거리 힘이 핵 안에서 전자의

---

20 James Chadwick(1891-1974), 중성자 발견으로 1935년 노벨 물리학상 수상.

생성과 관련이 있을 수 있다는 것이었습니다. 어쨌든 그처럼 가벼운 입자들은 원자핵 내부에 존재할 수 없다고 가정하는 것이 저에게는 좋은 근사처럼 보였습니다. 제가 훌륭한 물리학자들로부터 이러한 가정에 대해 매우 강한 비판을 받아왔다는 점을 저는 기억합니다. 저는 다음과 같이 이야기하는 한 통의 편지를 받았습니다.: "핵에 전자가 없다고 가정하는 것은 정말 수치스러운 일이었습니다. 왜냐하면 그 속에서 전자가 나오는 것을 볼 수 있었기 때문입니다." 그들은 제가 그러한 불합리한 가정으로 물리학에 완전한 무질서를 가져올 것이며, 이런 저의 태도를 이해할 수 없다고 했습니다. 저는 이 작은 사건을 언급할 뿐입니다. 왜냐하면 모든 사람들이 늘 받아들였을 정도로 너무나 자연스러워 보이고 또한 너무나 당연한 것으로 보이는 일을 멀리한다는 것은 정말 어렵기 때문입니다. 저는 이론 물리학의 발전에 있어서 옛 개념들을 버려야 하는 시점에서는 항상 가장 큰 노력이 필요하다고 생각합니다.

원자물리학에 관한 전망 바꾸기
CHANGING THE OUTLOOK OF ATOMIC PHYSICS

이제 소립자 문제로 넘어가도 될까요? 저는 소립자의 특성이나 성질과 관련된 가장 결정적인 발견은 Dirac에 의한 반反물질(antimatter)[21]의 발견이라

---

21 반물질(antimatter)은 보통 물질(normal matter)을 구성하고 있는 입자들에 대응하는 반입자들(antiparticles)로 이루어진 물질을 지칭하며, 현대물리학에서는 Paul Dirac이 1928년에 Schrödinger 방정식을 상대론적인 영역으로 확장하면서 도입된 반전자(antielectrons)의 가능성에서 비롯된 개념임.

고 생각합니다. 그것은 Galilei 군群[22]이 Lorentz 군群[23]으로 대체되는 완전히 새로운 특징으로서, 상대성 이론과 관련이 있었습니다. 저는 Dirac에 의한 입자와 반입자의 발견이 원자물리학에 대한 우리의 전반적인 기대를 완전히 바꾸어 놓았다고 믿습니다. 저는 이러한 변화가 그 당시에 한꺼번에 실현되었는지 알 수는 없지만, 아마도 점진적으로 받아들여졌을 것입니다. 그렇더라도 저는 왜 그러한 발견이 그렇게도 근본적인 것이라고 여기는지 설명하고자 합니다.

우리는 양자 이론을 통해, 예를 들어 하나의 수소 분자는 두 개의 수소 원자 또는 하나의 수소 양이온과 하나의 수소 음이온으로 구성될 수 있다는 것을 알고 있습니다. 일반적으로 모든 상태는 우리가 동일한 종류의 대칭성을 실현할 수 있는 사실상 가능한 모든 구조로 구성된다고 말할 수 있습니다. 이제 우리는 Dirac의 이론에 따라 짝들(pairs)을 만들 수 있다는 점을 알기 때문에 한 개의 소립자를 하나의 복합 체계(compound system)라고 생각해야 합니다. 왜냐하면 소립자는 사실상 그 입자와 한 쌍의 짝 혹은 그 입자와 두 쌍의 짝들과 같이 될 수 있기 때문이며, 그래서 어느 순간에는 소립자에 대한 모든 개념이 바뀌게 됩니다. 그 때까지만 해도 모든 물리학자들은 기본 입자들에 관하여 Democritus의 철학적 견해를 따라서 생각해왔다고

---

22 Galilei 군(Galilean group)은 공간과 시간으로 이루어진 4차원 시공간 내 Galilei 상대운동들로 이루어진 군(group)을 일컬으며, Galieo가 유명한 그의 경사면 위에서 굴러 내리는 공의 운동을 기술하는 과정에서 착안된 개념임. Galilei 군은 상대속도가 일정한 두 기준계 사이의 좌표변환, 즉 Galilei 변환(Galilean transformations)과 더불어 공간적인 회전운동(spatial rotations) 및 시공간 내 병진 이동들(translations)로 이루어짐. (Wikipedia 참조)

23 물리학에서 Lorentz 군은 Minkowski 4차원 시공간 안에서 이루어지는 모든 Lorentz 변환들로 이루어진 군을 일컬음. 알려진 자연의 근본적인 법칙들이 가지는 공간과 시간의 근본 대칭성을 표현하고 있음. (Wikipedia 참조)

저는 여겼습니다. 즉, 이들 기본 입자들을 단지 자연에서 주어지는 불변의 기본 단위들이라고 간주함으로써, 그것들은 결코 변하지 않고 결코 다른 무엇으로도 변환될 수 없었습니다. 그 입자들은 동역학적인 시스템이 아니며 그것들은 단지 그 자체로 존재할 뿐이었습니다.

Dirac의 발견 이후 모든 것이 달라 보였습니다. 왜냐하면 이제 왜 양성자는 양성자일 뿐인지, 왜 양성자는 때때로 양성자와 한 쌍의 전자-양전자 쌍이 되어서도 안 되는지 등을 물을 수 있었기 때문입니다. 소립자가 복합체계라는 이러한 새로운 측면은 제게 즉각적으로 큰 도전으로 여겨졌습니다. 저는 나중에 Pauli와 함께 양자 전기동역학(quantum electrodynamics)을 연구할 때 항상 이 문제를 마음속에 간직했습니다.

쌍 생성 PAIR CREATION

소립자 관련된 연구 방향의 다음 단계는 입자의 다중 생성(multiple production)에 대한 아이디어였습니다. 두 입자가 충돌하면 쌍들이 생성될 수 있습니다. 그런 경우에 하나의 쌍만 있어야 할 이유가 없으므로, 두 개의 쌍이 생성되면 안될 이유가 없습니다. 만약, 에너지가 충분히 높을 경우, 결합이 충분히 강하다면 결국 그러한 사건에 의해 생성된 입자들의 수는 제한이 없을 수 있을 것입니다. 그 결과로 물질을 쪼개는 전체 문제가 다른 시각으로 다가왔습니다. 지금까지 우리는 단지 두 가지 대안이 있다고 믿었습니다. 우리가 물질을 좀더 작은 조각이 되도록 계속 쪼갤 수 있다거나, 또는 물질을 무한히 작게 나눌 수는 없으며 따라서 우리는 가장 작은 입자들에 이르게 된다는 것이었습니다. 그러는 사이에 우리는 이제 세 번째 가능성을 보았습니다.: 우리는 물질을 몇 번이고 다시 나눌 수는 있지만 계속 더 작은 입자들은 결코 얻을 수 없습니다. 왜냐하면 우리는 에너지, 지금의 경우는 운동에너지를 써서 입자들을 생성시키기 때문이며, 우리는 쌍으로 생성시키므로 이것은 계속될 수 있습니다. 그래서 소립자를 소립자들의 복합 체계라고 생각하는 것은 자연스럽지만 역설적인 개념이 되었습니다. 물론 이 경우에도 "어떠한 수학적 체계가 그러한 상황을 서술할 수 있을까?"라는 문제가 대두되었습니다.

그 당시 Dirac의 복사선 이론과 Pauli, Weisskopf, 그리고 제 자신의 시도들을 통하여 사람들은 양자 전기동역학(quantum electrodynamics)에서 그리고 보다 더 일반적으로는 상호작용을 고려한 양자장 이론(quantum field theory)에서의 무한대 항들을 피하는 데 큰 어려움을 겪는다는 점을 알게 되었다. 저는 Dirac이 무한대 항들을 싫어하는 것에 전적으로 동의합니다. 물리학에서 우리가 무한대 항들을 도입하면 우리는 말도 안 되는 소리를 할 뿐이며, 그것은 이루어질 수 없다는 점에서 말입니다. 그래서 저는 처음부터 무한대 항들을 피할 수 있는 수학적 체계를 생각해 보려고 했습니다. 저는 다시금 관찰 가능한 양에 대한 옛 이야기를 떠올렸으며, 그래서 저는 "소립자들 간 충돌에서 우리가 실제로 관찰할 수 있는 것은 무엇인가?"라고 묻는 것이 아마도 유용하다고 느꼈습니다. 그래서 S-행렬(S-matrix)이 자연스럽게 떠올랐으며, 이때 이론의 합리적 근거는 S-행렬 또는 산란 행렬(scattering matrix)[24]이라고 말하는 것이 당연하다고 생각했습니다.

물론, 다시 말하지만, 첫 단계로서 이런 저런 것들을 관찰할 수 있다고 말

---

24 S-행렬 또는 산란 행렬은 산란과정에 참여하는 물리적인 계의 초기 상태와 나중 상태를 이어
주는 행렬을 일컬음.

하는 것이 그 다음 단계로 가서 가정들을 좁히는 것보다 훨씬 더 쉽습니다. 하지만 결국에 우리는 새로운 가정들을 해야 하고 "그런 저런 것들은 더 이상 관찰될 수 없다"고 마무리 지어야만 합니다. 그래서 이제 질문은 "우리가 의미하는 바를 정의할 수 있고, 우리가 자연 법칙들을 세울 수 있어 무엇인가를 실제로 해 볼 만한 것을 얻기 위해 S-행렬의 개념을 어떻게 좁힐 수 있을까?"였습니다. 그 당시 저는 Hilbert 공간[25]에서 부정不定 메트릭(indefinite metric)[26]을 활용하는 장 이론(field theory)을 써서 연구해 볼 수도 있겠다는 점을 Dirac에게서 다시 배우게 되었습니다. 물론 저는 Pauli가, 항상 그랬듯이, 아주 강하게 "Hilbert 공간에서 우리가 부정不定 메트릭을 가지고 있다면 그것은 확률 값이 음(−)인 경우를 의미하고, 따라서 그러한 체계는 효과가 없을 것"이라고 말하면서, 때로는 자주 성공적으로, 비판해왔다는 사실을 알고 있었습니다.

물론 점근 영역에서는 확률 값이 양(+)이어야 하므로, 점근적으로 우리는 유니타리(unitary) S-행렬을 얻어야 합니다. 그러나 동시에 국소적으로는 이러한 확률 개념에서 벗어날 수도 있을 것이므로 "우리는 국소적으로는 아무 것도 점근 영역에서와 같은 방식으로 측정할 수 없기 때문에 국소적으로 확률이 음(−)일 수 있다."라고 말할 수 있습니다. 우리가 특정한 "보

---

25 Hilbert 공간은 그 공간을 이루는 요소(벡터)들의 길이를 정의하는 내적(inner product)의 norm이 '완전한' 추상적인 복소 벡터 공간이며, 그 이름은 적분 방정식과 관련하여 이를 연구한 David Hilbert(1862-1943)의 이름에서 따옴. 이 개념은 Hermann Weyl, Eugene Wigner 등에 의해 양자역학의 수학적인 형식화에 크게 활용되었으며, 양자역학에서 계의 가능한 상태를 나타내는 파동함수들은 일반적으로 무한 차원의 Hilbert 공간의 벡터로 표현됨.

26 부정 메트릭 공간은 그 벡터 공간 내에 있는 유한한 벡터 $|k\rangle$의 자체 내적 $\langle k|k\rangle$이 양(+)이 아닐 수 있는 벡터 공간을 일컬음.; P. A. M. Dirac, Proc. Roy. Soc. **A180**, 1 (1912); W. Pauli, Rev. Mod. Phys. **15**, 175 (1943).

편 길이"(universal length) 이하로 내려 갈 때는 확률의 개념은 실패할 수 있습니다. 따라서 저는 "국소장(local field) 연산자들이 있어야 하지만 이 연산자들이 작동하는 Hilbert 공간에서는 통상적인 메트릭은 없더라도 부정 메트릭이 있을 수도 있겠다."라면서 그 체계를 좁혀 보려고 노력했습니다. 이 체계의 장점은 무한대 항들을 피할 수 있다는 점이었지만, 물론 매우 큰 대가를 치르면서, 즉 Hilbert 공간에서의 확정 메트릭을 잃으면서 가능했습니다. 반면에, 그 무렵에는 모든 체계가 이미 제겐 꽤 설득력 있어 보였습니다. 왜냐하면 그 동안 실험 결과들은 실제로 다중 입자들이 생성되고 있다는 것을 증명하고 있었기 때문입니다.

확립된 현상 PHENOMENON ESTABLISHED

그것은 사실 10년 이상 꽤 논란이 되어온 주제였습니다. 왜냐하면 1936년쯤 부터 모든 사람들이 알고 있었던 우주 소나기들(cosmic-rays showers)이 관측되었기 때문입니다. 하지만 이 소나기는 Bhabha와 Heiter의 다단계 이론(cascade theory)[27]으로 매우 잘 설명될 수 있습니다. 그래서 입자들의 다중 생성에 대한 증거는 없었습니다. 1950년이 되어서야 비로소 이 다중 생성의 존재에 대한 아주 좋은 증거를 얻을 수 있었습니다. 하지만 이 현상이 그 당시에는 잘 확립되어 있기 때문에 저는 그 방향으로 나아갈 수 있다는 느낌이 들었으며, 따라서 저는 일종의 장 이론을 세워보려고 시도했습니다. 저는 수

27 H. J. Bhabha and W. Heitler, Proc. Roy. Soc.(London) **159A**, 432 (1937).

학적 체계에 있어서 Lee의 모델[28]이 어느 정도는 도움이 될 수도 있다고 생각했지만, 물론 장 이론에서는 우리가 엄격한 수학적 체계를 가지고 있지 않다는 사실을 저는 잘 알고 있었습니다. 당분간은 실험 상황에 적합한 수학적 체계를 찾는 것으로 충분할 것 같다는 생각이 들었습니다.

우선 우리는 실제 상황과 실험을 표현할 수 있는 어떠한 좋은 장場 방정식(field equation)도 알지 못했습니다. 하지만 1957년에 제가 CERN[29]에서 강의한 후에 저는 Pauli를 만났으며, 우리는 새로운 가능성에 대해 논의했습니다. 우리는 Lee에게서 β-붕괴 과정에서는 parity가 보존되지 않음을 배웠고, 이 아이디어에 따라 우리는 SU(2) 군群[30], 즉 isospin[31]을 포함하는 장 방정식을 유도해 내었습니다. Pauli는 이 가능성에 대하여 내가 그를 보아온 어느 때보다도 더 열정적이었습니다. 저는 그로부터 이제 물리학에 있어서 새로운 여명이 시작되었고 우리의 모든 어려움은 곧 사라질 것이라는 등의 편지를 받았습니다. 저는 항상 그에게 "글쎄, 그건 그렇게 쉽지는 않아."라고 말하면서 그를 말려야만 했습니다. 하지만 그는 에너지와 열정이 넘쳐나고 그것에 대해 너무도 들떠 있었으므로 그의 주된 관심사는 이 문제들을

---

28 T. D. Lee, Phys. Rev. **95**, 1329-1334 (1954); C. B. Chiu, E. C. G. Sudarshan and G. Bha-mathi, Phys. Rev. D **46**, 3508 (1992).

29 CERN(Conseil Européenne pour la Recherche Nucléaire; The European Organization for Nuclear Research). Geneva의 북서부 지역 프랑스와 스위스의 국경에 1954년에 설립된 유럽 입자 물리 연구소.

30 SU(2) 군은 스핀 각운동량 또는 isospin을 기술하는 행렬식 값이 1인 2 × 2 유니타리 군을 지칭하며, 2차원 복소 벡터에 대한 special unitary 변환에 대응함.

31 Isospin은 핵물리학이나 입자물리학에서 그 입자를 이루는 up-, down-quark의 구성에 관계되는 양자수이며, isospin은 각운동량은 아니지만 이의 수학적인 결합 규칙에 대한 양자역학적인 기술이 스핀 각운동량의 경우와 유사하므로 spin이라는 이름을 빌려쓰고 있음.

해결하는 일이었습니다.

이 기간에 Zurich에서 그를 몇 차례 만났지만, 그런 다음에 그는 미국으로 건너가야만 했습니다. 그는 그곳에서 이 문제들에 대해 강의를 해야 했을 때, 그 자신의 감정을 합리화하려고 노력했으나 그는 그것이 불가능하다고 느꼈습니다. 그는 전반적인 문제가 그가 기대했던 것보다 훨씬 더 복잡하다는 것을 알게 되었습니다. 저는 이와 관련하여 Pauli가 우리의 공동 논문에 기여했던 가장 본질적인 아이디어는 아마도 (약간 예비적인 형태이긴 하지만) 바닥 상태(ground state)의 겹침(degeneracy)에 대한 착안이었음을 언급해야만 될 것 같습니다. 그러한 착안은 후에 Goldstone의 정리와 관련하여 소립자 물리학에서 상당한 역할을 수행해 왔습니다.

Pauli의 비판적 통찰력 PAULI'S CRITICAL ACUMEN

Pauli는 성격이 모든 면에서 저와는 달랐습니다. 그는 훨씬 더 비판적이었고 두 가지 일을 동시에 하려고 노력했으나, 저는 그것이 최고의 물리학자에게 조차 너무 어렵다고 생각됩니다. 그는 우선 실험에서 영감을 받아 상황들이 어떻게 연결되어 있는지 직관적인 방식으로 이해하려고 노력했고, 동시에 자신의 직관을 합리화하고 엄밀한 수학적 체계를 찾아내어 그가 이야기한 모든 것을 실제로 증명하려 했습니다. 지금의 제 생각에는 이건 너무 과한 일이라 생각됩니다. 그래서 Pauli는 위의 두 가지 가정 중에 어느 하나를 포기했을 경우에 그가 평생 동안 출간할 수 있었을 양보다 훨씬 적게 출판했습니다. Bohr는 그가 증명해 보일 수는 없으나 결국은 옳았던 논문들을 대담하게 발표하였습니다. 다른 사람들은 합리적인 방법과 훌륭한 수학으로 많은 일을 해왔지만, 제 생각에는 한 사람이 두 가지 일을 함께 해나가는 것은 너무 벅찬 일이라고 여겨집니다. Pauli는 이러한 어려움을 알아차리고는 완전히 절망했으며, 그래서 그는 너무도 안타까운 방식으로 포기했습니다. 그는 자신의 생각이 더 이상 강력하지 못하고, 전혀 건강하지 못하다고 느껴진다고 저에게 이야기했습니다. 그러면서도 그는 출간에 대한 자신의 승인을 철회한 후에도 저를 격려해 주었습니다. 그는 "나는 계속해야만 해."라고 말했지만 그는 계속할 수 없었고 여러분도 알다시피 그는 불행하게도 반년 후에는 세상을 떠나야만 했습니다. 이것은 오히려 Pauli와 저의 오랜 우정의 슬픈 결말이었으며, 저는 물리학과 함께한 내 인생 전체를 통해서 수 없이 많은 도움을 준 Pauli의 날카로운 비판을 제가 더 이상 소지할 수 없다는 점을 지금까지도 거의 매일 슬퍼하고 있을 뿐입니다. 그렇더라도, 이제는 계속 전개된 물리학의 발전에 대한 이야기로 되돌아가 보겠습니다. 제 생각에 이제 우리는 바닥 상태의 겹침에 대해 더 많이 알고 있다고 생각되며, 아마도 여러분 대부분은 더 상세한 내용과 수학적 체계에 대해 저가 아는 것보다 더 많이 알게 될 것입니다. 저는 그런 모습이 완성된 모습으로 남아 있기를 바랄 뿐입니다. 우리가 양자역학 즉 하나의 통일된 자연 법칙으로, 예를 들자면, 철(Fe) 원소의 스펙트럼을 기술하는 것과 같은 방식으로 소립자들의 전체 스펙트럼을 기술하는 것이 가능하다는 점은 의심할 여지가 없다고 저는 생각합니다. 물론 이 법칙은 일종의 요점이며 현재 연구되고 있는 많은 세부 사항들에 대한 개요서가 될 것입니다.

나의 일반적인 사고 방식 MY GENERAL PHILOSOPHY

이론 물리학에서 우리가 어떻게 일해야 하는지에 대한 한 가지 처방을 덧붙이고 싶을 수 있습니다. 그러나 이것은 매우 위험스러운 일일 것입니다. 왜냐하면 그 처방은 물리학자마다 달라야 하기 때문입니다. 그러므로, 저는 오직 제 자신을 위해 항상 써왔던 처방에 대해서만 말할 수 있겠습니다. 이것은 한 특정한 실험 집단에 너무 집착해서는 안된다는 것이었습니다. 오히려 관련된 실험들이 전개된 모든 국면들과 연결을 시도해야 합니다. 그 까닭은 수학 혹은 다른 표현들로 된 이론을 바로잡으려 시도하기 전에 전체적인 모습을 항상 염두에 두어야 하기 때문입니다.

저는 이러한 일반적인 철학을 아마도 완전히 서로 다른 두 가지 이야기로 설명할 수 있을 것입니다. 수공예가였던 저의 할아버지께서는 실용적인 일을 할 줄 아셨으며 제가 어렸을 때 어느 날 책 같은 것으로 나무 상자의 덮개를 만드는 것을 보셨습니다. 할아버지께서는 제가 덮개 재료와 대못 한 개를 가져다가 망치로 그 못을 바닥까지 내려치려는 것을 보시고는, "오, 예야, 네가 지금 그렇게 하는 것은 아주 잘못된 것이란다. 아무도 그런 식으로 할 수는 없지. 누가 그걸 보면 소문날 일이구나!"라고 하셨습니다. 저는 그 소문이 뭔지 몰랐지만 할아버지께서는 "네가 어떻게 해야 하는지 내가 보여 주마."라고 말씀하셨습니다. 그는 덮개를 잡고 못 하나를 가져다가 그 못이 덮개를 지나서 나무 상자에 조금 박힌 다음에 둘째 못을 또 조금, 세 번째 못을 조금씩, 그렇게 해서 모든 못들이 제 자리를 잡을 때까지 반복하셨습니다. 모든 것이 명확하고 모든 못들이 제대로 들어맞는 것이 확인되었을 때, 그는 비로소 그 못들을 상자에 제대로 박아 넣기 시작했습니다. 그래서 저는 이것이 이론 물리학에서 우리가 나아가야 하는 방법에 대한 좋은 설명이라고 생각합니다.

　나머지 또 다른 이야기는 Dirac과 제가 나누었던 토론에 관한 것입니다. Dirac은 종종 말하기를 "사람들은 한 번에 하나의 난제만 해결할 수 있다."라고 했습니다. 저는 항상 이것을 하나의 가벼운 비판이라고 느꼈습니다. 이는 옳은 말 일 수도 있지만 이는 제가 문제를 바라보는 방식은 아닙니다. 그리고 저는 Niels Bohr께서 종종 이야기한 다음과 같은 말도 기억하고 있습니다.: "당신이 한가지 정확한 표현을 가지고 있다면, 그 정확한 표현에 반대되는 표현은 물론 정확하지 못한 표현, 즉 틀린 표현입니다. 그러나 당신이 한 가지 심오한 진실을 가지고 있다면, 그 심오한 진실의 반대도 또 다른 하나의 심오한 진실이 될 수 있습니다." 따라서 저는 "우리가 한 번에 하나의 난제만 해결할 수 있다."고 말하는 것은 아마도 하나의 심오한 진실일 뿐만 아니라, "우리는 결코 한 번에 하나의 난제만 해결할 수는 없으며, 우리는 항상 많은 난제들을 동시에 해결해야 합니다."라는 것도 또 다른 하나의 심오한 진실일 수 있을 것이라고 생각합니다. 이 말을 끝으로 저의 회고담을 마무리해야 할 것 같습니다.

과학자와 사회

THE SCIENTIST AND SOCIETY

Eugene Paul Wigner[1]

Abdus Salam:

Vienna에 있는 IAEA 주재 미국 대사이자 Princeton 대학교의 물리학 교수인 Henry Smythe 교수는 탁월한 과학 행정가이면서 보기 드물게 더 없이 진실한 분이라고 Wigner 교수를 소개했습니다. 그는 Wigner 교수가 John von Neumann과 함께 Princeton에 처음 부임해 왔을 무렵에는 Princeton에 꽤 훌륭한 실험 그룹이 있다고는 생각했지만 그곳에 좋은 이론 물리학 그룹이 있다고는 생각하지 않았다고 회고했습니다. 그분들이 오시면서 상황은 즉시 바뀌었고, 계속해서 바뀌었습니다. Wigner 교수는 이론 물리학의 발전에 엄청난 기여를 했습니다. 그는 특히 Princeton 대학교 물리학과의 이론

---

1   Eugene Paul Wigner(1902-1995), 헝가리 태생 미국인 이론 물리학자. 원자핵과 소립자들의 근본적인 대칭 원리 연구에 대한 공로로 1963년 노벨 물리학상 수상.

분야에 대한 명성에 크게 기여했습니다.

첫 번째 출처 FIRST SOURCES

E. P. Wigner:

저는 과학자의 근본적인 동기라고 제가 알고 있는 바에 대하여 말씀드리고
싶습니다. 제가 한 사람의 과학자가 되려고 노력한 기간 동안에 과학자의 삶
이 어떻게 바뀌었는지, 그가 물리학의 삶을 즐길 수 있도록 해주는 사회로부
터 기대할 수 있는 것이 무엇인지, 그리고 그 사회를 위해 무엇을 해야하는
지에 대해서 입니다.

먼저 저는 현재의 주제와 관련하여 많은 것을 배운 몇 가지 출처를 언
급하고 싶습니다. 저의 첫 번째 선생님은 Polanyi[2]였지만 그에게서 배운 것
을 모두 열거한다면 저는 여기서 더 이상 나아갈 수 없을 것입니다. 다음
출처는 Wilhelm Ostwald[3]의 「Grosse Männer」[4]였습니다. 이 책은 몇 명
의 위대한 과학자들의 이야기 모음이며, 그 영웅들의 이야기를 그가 공부
할 때 얻은 보편적인 사실들의 진수眞髓를 제공하는 일반적인 성격에 대한
입문서입니다. 그 다음은 히틀러 정권의 초기였지만 이미 암울했던 시기에

---

2 Michael Polanyi(1891-1976), 헝가리 출신의 영국인 화학자 겸 철학자.

3 Friedrich Wilhelm Ostwald(1853-1932), 독일인 물리화학자. 촉매, 화학 평형, 반응 속도 분
   야에 대한 공로로 1909년 노벨 화학상 수상.

4 "great man" 또는 "big man".

Princeton 대학교에서 James Franck 박사[5]와 함께 걸었던 세 번의 긴 산책이 떠오릅니다. 오늘 제가 말씀드리고 싶은 바로 그 주제들에 대해서 이야기를 나누었습니다. 마지막으로, 현재 우리 가운데 있는 Mehra 박사를 포함한 역사학자 및 과학 철학자들과 최근에 나누었던 대화는 저의 견해를 명확히 하는 데 크게 도움이 되었습니다.

복잡한 세상 안의 규칙성들 REGULARITIES IN A COMPLICATED WORLD

저의 친구 한 명은 제가 일생 동안에 이루고 싶어하는 것은 제 자신이 발견해 낸 것보다 조금 더 많은 질서와 식별을 후대에 남기는 것이라고 말하곤 했습니다. 제가 언제 그 친구에게 그런 말을 했는지 기억나지 않지만 거기에는 엄청난 진실이 담겨 있습니다. 우리 주변에는 예측할 수 없는 사건들로 가득찬 복잡한 세상이 있으며, 그 안에서 질서 정연하고 변하지 않는 무엇인가를 찾아내고 이해하는 일은 우리들의 정신을 맑게 해줍니다. 이게 다가 아닙니다. 우리와 세상과의 관계에 대해 조금 더 생각해 본다면, 우리는 그 안에서 규칙성들을 찾아낼 수 없다면 우리는 우리들의 주변에서 일어날 일들에 영향을 미칠 수 없다는 것을 금방 깨닫게 됩니다. 주어진 문제에서 규칙성들은, 마치 내 손에 들고 있는 이 지우개를 탁자 위에서 놓아 버린다면 지

---

5   James Franck(1882-1964), 독일 태생 미국인 물리학자. '프랑크-헤르츠 실험'을 수행함으로써 원자의 양자화 특성을 실험적으로 입증함. 원자에 대한 전자 충돌 법칙 규명에 대한 공로로 Gustav Hertz와 공동으로 1925년 노벨 물리학상 수상. '프랑크-헤르츠 실험'을 수행함으로써 원자의 양자화 특성을 실험적으로 입증함.

우개가 탁자 쪽으로 떨어지게 되는 것처럼, 그 후속 사건들 사이의 관계성을 나타냅니다. 그러한 규칙성들이 없다면 우리는 이들 사건에 영향을 미칠 수 없을 것이기 때문입니다. 말하자면, 이 경우에 제가 지우개를 손에서 놓을 때에 그 결과로 생길 일들을 제가 알지 못한다면 저는 지우개로 '쿵' 하는 소리를 낼 수도 없으며 또한 지우개가 튀어 오르는 것도 알 수 없을 것입니다. 그러므로 규칙성들은, 우리가 삶을 이해하고 있다고 받아들인다는 의미에서, 사건들에 영향력을 미치는 삶을 가능하게 합니다.

물론, 우리 물리학자들이 관심을 갖는 규칙성은 훨씬 더 미묘합니다. 그럼에도 불구하고, 저는 그 동기 부여와 또한 어떠한 질서를 인식하고자 하는 노력의 기반은 모든 생명체에게 공통적이며 실제로 이는 생명의 본질과 밀접하게 관련되어 있다고 믿습니다.

그러면 "규칙성에 대한 우리들의 탐색의 한계는 무엇일까?"라는 질문이 떠오릅니다. 규칙성이 완전하여 우리가 모든 것을 예견하고 모든 것을 알아차리고 이해할 수 있다면 가장 행복할까요? 우리들의 탐색 동기에 대한 앞선 분석이 정확하다면 그 대답은 부정적이어야 합니다. 질서가 완전하고 또한 우리들이 모든 것을 예견할 수 있다면, 우리는 다시 아무것도 영향을 미칠 수 없는 상황에 처하게 될 것입니다. 이 상황에서는 모든 것이 결정되고 우리의 의지와 욕망이 스스로 드러날 수 있는 방법이 없을 것이기 때문입니다. 그러므로 이러한 의미에서 기존 세계가 가장 좋습니다. 그곳에는 규칙성들이 좀 있으며, 우리가 삶이라고 일컫는 것을 위하여 그 규칙성들이 필요합니다. 그러나 수많은 변칙들이 있으며, 그것들 또한 우리들의 삶에 있어서 마찬가지로 없어서는 안될 요소들입니다.

물리학 법칙들의 "불합리한 정확성"
"UNREASONABLE ACCURACY" OF PHYSICAL LAWS

이러한 상황은 물리학에 지대하게 반영되어 있습니다. 우리는 규칙성을 드러내지 않는 초기 조건들을 알고 있으며, 엄밀한 규칙성들을 놀라울 정도로 표현하는 자연의 법칙들이 있습니다. 그러나 규칙성과 임의성의 두 영역 사이에는 우리가 예상할 수 있는 어떠한 이유보다도 훨씬 더 뚜렷한 차이가 있으며, 이것은 아마도 물리 이론의 가장 놀라운 결과일 것입니다. 철학자인 Charles Pierce[6]는 물리 법칙의 비합리적인 정확성에 대해 언급했으며, 이제 Dirac 박사는 우리가 무심코 물리 법칙이 정확하고, 어떤 의미에서는, 우리가 찾아 낸 것만큼 단순하다고 기대할 이유나 징후가 없다는 사실을 다시 강조해 왔습니다. 따라서, 더 깊은 의미에서, 과학은 기적을 폐기하기는커녕, 우리 과학자들을 경외심과 얽매임에 빠뜨리는, 압도적인 능력을 드러내는 경이로움을 인지하고 그 기적에 주목하게 했습니다. 다른 업계의 사람들보다 훨씬 더 그렇습니다.

질서에 대한 욕망은 자연에서 사건들의 연속에서 규칙성들을 인식하려는 우리들의 노력뿐만 아니라, 우리들 자신이 창안해 낸 체계인 이론과 개념들에서도 나타납니다. 수학은 이러한 목적을 위해 만들어진 개념들 사이의 관계에서 규칙성을 찾는 데 몰두하고 있습니다. 그러나 물리 이론 또한 복잡한 구조를 가지고 있으며, 예를 들어, 특정한 결론에 대한 원인이 되는 이론의 일부를 인식하는 것과 같은 이 체계에 대한 설명은 우리에게 큰 만

---

6   Charles Sanders Peirce(1839-1914), 미국인 철학자. 현대 분석 철학의 선구자 가운데 한 사람.

족감을 주고 있습니다. "에너지 보존 법칙은 시간에 독립적인 Lagrange 함수(Lagrangian function; Lagrangian)[7]을 가지는 모든 역학에서 유효하다."는 Klein과 Noether의 발견은 그들에게 의기양양하게 불현듯 깔끔하고 새로워진 느낌을 주었을 것입니다. 기본 전하의 발견과 금속 안에 그 기본 전하를 실어 나르는 운반체들의 존재 또는 이 전하 운반체를 가장 적절하게 기술하는 방정식의 발견에 의해 혜택받지 않은 사람들은, 설령 일련의 사건들의 체계는 아니라도, 적어도 사건들 사이의 규칙성들을 집약하고 있는 이론의 구조를 명확히 함으로써 평생 동안 충분할 만족감을 얻어낼 수 있으며 또한 얻어 내었습니다. 이런 방식으로 체험하는 즐거움은 수학자의 즐거움과 많은 공통점이 있습니다. 역시 그것은 진정한 즐거움입니다.

과학자의 업무에 따른 결과
CONSEQUENCES OF THE SCIENTIST'S WORK

과학자의 활동은 자신의 주변 세계에 영향을 미치려는 그의 욕망을 충족시키는 것이 아니라 그 욕망의 이상적인 목표 즉, 승화(sublimation)를 충족시킵니다. 저는 이것이 사실이라고 믿습니다. 그럼에도 불구하고 그들은 분명히 놀랍게도 종종 주변 세계에 영향을 미치고 있습니다. 현대 과학이 없었다면 우리는 라디오도, 텔레비전도, 학생들이 바리케이드를 만들 자동차도, 탄도 미사일도 없었을 것입니다. 이런 것들은 과학 활동에서 비롯되는 매우

---

7 Lagrange 함수는 물리적인 계의 상태를 특징 지우는 양이며, 역학에서, 예를 들자면, 그 함수는 계의 운동에너지에서 퍼텐셜 에너지를 뺀 값이다.

실제적인 결과들입니다. 그럼에도 불구하고 저는 제가 말한 바를 고수합니다. 효과는 과학자들의 활동에 대한 동기가 아니라 결과이기 때문입니다. 사실, 몇몇 동료 과학자들은 자신들의 연구 결과와 결론이 신종 마약이나 새로운 어떤 장치를 생산하는 데 사용되고 있다는 사실을 알게 되어 불만을 표합니다. 그들은 그들의 승화된 욕망이 왠지 압축되어 있다고 느끼고, 또한 자신들의 순수하고 숭고한 과학 활동이 그 활동이 지니는 훌륭한 가치의 혜택을 수확하지 않은 채 자신들을 뒷받침해야 할 사회의 편익에 적용됨으로써 그 품위가 떨어졌다고 느낍니다. 저는 이러한 태도에 동의하지 않지만, 그것은 과학자들의 순수한 동기는 분명히 일련의 사건들의 흐름에 영향을 미치려는 직관적인 욕망의 승화이지 명망에 대한 욕망 그 자체가 아니라는 것을 확실히 증명합니다.

과학자의 기질에는 대부분의 동료 시민들이 추구하는 목표에서 벗어나고 대부분의 친구들과 지인들에게 영감을 주는 가치의 탐색에 참여하는 것을 쉽사리 거부해버리는 일종의 부정적인 특성이 있기라도 합니까? 제가 보기에는, 비록 이런 의문에 대해서 저는 확신이 서지는 않지만, 영향력에 대한 과학자들의 욕구는 승화되어 평범하고 일상적인 권력과 영향력에 대한 욕구가 평균 이하일 정도로 작다고 여겨집니다. 몇 년 전까지 만해도 우리들 중에는 불행히도 널리 퍼져 있는 권력과 영향력에 대한 열망을 많이 생각했던 사람이 거의 없었다고 생각합니다. 약 6~7년 전에 이러한 갈망의 빈도가 제게 떠올랐을 적에 저는 이 주제를 동료 과학자들과 그리고 물리학계 밖의 친구들과 함께 제기했습니다. 대부분의 저의 동료들은 제가 무슨 말을 하는지 이해하지 못했고, 물리학자가 아닌 친구들 대부분은 제가 왜 이 문제에 대해 이야기를 꺼내는지 이해하지 못했습니다. 그것은 그들에게 너무나 명백한 사실이었기 때문입니다. 저는 그런 일이 있은 다음 많은 사람들이 엄청난 부를 탐내는 이유에 대한 저의 아버지의 설명을 포함하여 제가 과거에 들어온 바에 대한 많은 관찰들을 회상했으며, 저에게 신비스러웠던 여러 사건들이 더욱 명확해졌습니다.

어쨌든 제 생각에는 적어도 저와 동시대의 과학자들은 우리 사회에서 계속되는 몸부림에서 벗어나려는 경향이 많았고 은둔적인 생활 방식에 대해 어느 정도의 호감이 있었으며, 저는 이것이 실제로 과학을 천직으로 택한 사람들의 특징이었다고 믿습니다. Franck 박사는 우리들과 함께한 어느 산책 도중에 '우리 과학자들은 과학을 우리 주변에서 일어나는 일들을 잊게 하고 그에 따른 책임을 부인할 수 있게 하는 진정제로 사용한다.'라고 말했습니다. 당시의 젊은 과학자들은 은둔 상태에서 배우고, 속세를 등진 적막한 생활 안에서 새로운 아이디어를 창출하고 싶어했습니다.

과학계에 일어난 변화들 CHANGES IN SCIENCE

이러한 침잠과 은둔적인 생활에 대한 강한 경향이라는 특성이 30여년 전의 과학자와 같은 정도로 현재의 과학자에게 사실인지 아닌지는 확실하지 않습니다. 이것이 저를 다음 주제로 이끕니다. 즉 제 물리학 인생 동안 과학에서 일어났던 큰 변화들을 살펴보겠습니다.

저의 아버지께서 무슨 일을 하면서 살아가고 싶으냐고 제게 질문하셨을 때 저는 17살이었던 걸로 기억됩니다. 저는 과학자, 무엇보다도 물리학자가 되고 싶다는 욕망을 드러냈습니다. 아버지께서는 그것을 의심 했음에 틀림 없었으나, 어쨌든 "흠, 헝가리 전체에 물리학자들을 위한 일자리가 몇 개나 될까?"라고 되물으셨습니다. 저는 다소 과장된 수치를 보이면서 "넷"이라고 말씀드렸습니다. 저의 과장된 표현을 모르는 체하시고는 제가 그 네 자리 중 하나를 차지할 것으로 예상하느냐고 물으셨습니다. 아버지와 저는 화학공학과 같이 좀 더 실용적인 가치가 있는 분야를 공부하는 것이 가장 좋을 것이라는 데 동의했고, 실제로 그것은 제가 학위를 취득한 분야입니다. 하지만 제가 17살 되던 때부터 학위를 받기까지의 비교적 짧은 기간 동안에 세상은 크게 바뀌었습니다. 첫째, 세상은 축소되었으며 독일과 헝가리 사이의 거리는, 정신적으로 여행하는 시간만큼은 아니지만, 줄어들었습니다. 헝가리를 벗어난 곳에서 일자리를 구하려는 생각은 더 이상 어리석은 것처럼 보이지 않았습니다. 둘째, 물리학자들을 위한 일자리의 수가 크게 증가했습니다. 저의 박사 학위 지도교수였던 Polanyi 교수께서는 과학 분야 경력은 더 이상 낭만적인 것처럼 보이지 않는다고 지적하면서 저의 아버지와 저 자신과 함께 진지한 대화를 나눴습니다. 실제로 과학자의 지위는 지난 6년 동안 엄청나게 변했습니다. 1919년에 그는, 적어도 헝가리 내에서는, 덕망 있으면서도 매우 남다른 인물로 여겨졌습니다. 1924년에 이르러서 그 진로는 세상에서 매우 심하게 은둔된 생활을 의미하는 직종이 되었지만, 그럼에도 불구하고 독일 내에서는 진지하게 고려될 수 있는 직업이 되었습니다. 헝가리에서도 그것이 불러일으킨 혜택은 인내의 미소가 되었습니다.

이러한 국면 전개는 그 이후로 계속되었습니다. 아마도 제가 과학 분야에서 직업을 선택하는 사람들이 분명한 외부 보상에 대한 기대 없이, 배움과, 바라건대 창의력의 삶에 대한 갈망의 정신으로 이런 일을 할 것을 기대할 때 저는 유행에 뒤떨어져 있는지도 모르겠습니다. 사실 많은 청년들이 단지 이런 정신으로 과학 분야 진로를 선택하지만, 또 다른 사실은 많은 다른 젊은이들은 외적인 보상, 영향력 있는 지위, 높은 차별성 그리고 소위 우리가 성공했다고 일컫는 삶을 기대한다는 것입니다. 어떤 그룹이 궁극적으로 우세해질지는 저도 모르겠습니다. 아마도 두 가지가 혼합되어 있을 수도 있습니다. 어쩌면 자기 주장을 더 강하게 하는 그룹의 사람들은 결국 과학을 떠나 학문 안팎의 행정 업무를 맡게 될 것입니다. 그러나 확실히 금세기 초반의 과학자들에게서 당연시되었던 정신과 특성은 더 이상 당연하게 받아들여질 수 없습니다. 오늘날의 과학자는, 삶에 대한 태도에 있어서, 30년 전의 과학자들보다는 이 시대 비과학 분야 사람들에 더 유사합니다. 이것은 반드시 좋은 것도 아니고 반드시 나쁜 것도 아니며, 저에게 보이는 것보다 훨씬 적은 변화일 수 있지만, 어느 정도의 변화가 확실히 있습니다. 오늘날 물리학자들의 자기 확신은 그들의 젊은 시절에 나이든 직장 동료 선배들이 보여준 태도와는 사뭇 다릅니다. 그분들은 자신들의 파격적인 관심사와 분투에 대해 매우 유감스러워 했습니다.

거대 과학의 출현 EMERGENCE OF BIG SCIENCE

또 다른 매우 두드러진 변화는 구성원이 수천 명에 달하는 연구소인 거대 과학[8]의 출현입니다. 우리 모두는 그러한 연구소의 과학자가 되는 것은 혼자서 외롭게 일하는 과학자가 되는 것과는 매우 다르다고 느끼며, 가속기 관리 위원회의 승인을 받은 수십 명의 과학자들로 구성된 팀이 70 GeV[9] 가속기를 사용하는 것은, 비록 전체는 아니더라도, 금세기 초반까지 과학의 실체였

---

8   거대 과학은 국가적 차원의 지원이 필수적일만큼 많은 참여 인력과 장비 및 예산이 동원되는 대규모 과학 활동을 일컬음.

9   $GeV = 10^9 eV$

던 관조적인 삶과는 사뭇 다릅니다. 저는 Alvin Weinberg[10]가 거대 과학이라고 불러왔던 것에 대해 자세히 논의하고 싶지는 않습니다. 그것이 지식 습득을 엄청나게 가속화한 것은 분명합니다. 그것은 또한 제가 설명했던 보다 더 관습적이고 더욱 공격적인 태도를 가진 덜 은거하는 과학자가 필요했다는 점도 분명합니다.

제가 물리학자가 되기 전 몇 년 동안에 대하여 이야기했으므로 계속해서 저의 성장과 저에게 가장 큰 기쁨을 준 일에 대해 이야기하는 것이 옳을 것입니다. 그러나 저의 연구 작업을 검토하는 것은 쉽지 않은 일일 것입니다. 누군가가 말하기를 저는 무수한 주제들에 대해 극히 적은 기여를 하였다고 했습니다. 물론 이것은 부당한 비난입니다. 저는 무수히 많은 주제들에 기여하지 않았습니다.

추정하는 용기 COURAGE IN GUESSING

저의 박사 논문은, Salpeter[11] 박사가 이번 심포지엄에서 언급한 것과 같은, 두 개의 수소 원자가 충돌하여 한 개의 분자를 형성하는 경우에 대한 화학

---

10 Alvin Martin Weinberg(1915-2006), 미국인 핵물리학자. 맨해튼 프로젝트에 Eugene Wigner 가 이끈 이론 그룹의 일원으로 원자로 설계에 참여하였으며 그 이후에는 Oak Ridge National Laboratory(ORNL)의 관리자로 일함. 핵에너지를 'Faustian bargain'(악마와의 거래)라고 최초로 명명함.

11 Edwin Ernest Salpeter(1924-2008), 오스트리아 태생 오스트레일리아 계 미국인 천체 물리학자. Hans Bethe와 공동으로 양자장 이론(quantum field theory)을 써서 한 쌍의 기본 입자들 사이의 상호작용을 기술하는 'Bethe-Salpeter 방정식'을 제시함.; H. Bethe, E. Salpeter, Physical Review **84** (6), 1232 (1951).

결합 반응률을 계산하려는 시도였으며, 그 시도는 나중에 올바른 것으로 판명되었습니다. 여기에는 두 가지 문제가 있었습니다. 질량 중심 좌표계에서 원자들의 충돌을 고려한다면 두 원자는 정지 상태에서 하나의 분자를 형성해야 하며, 이 때 분자의 에너지는 양자화 됩니다. 그런 경우에 원자들의 운동 에너지가 매우 커서 계의 에너지가 그 분자의 에너지 준위들 중 어느 하나와 일치될 가능성은 거의 없습니다. Born과 Franck도 그들의 공동 논문에서 이 점을 지적했습니다. 따라서 결합 반응은 대단히 가능성이 없다는 결론을 내렸습니다. 상황은 이것보다 더 나빴습니다. 분자의 각운동량도 양자화 되며, 충돌하는 두 원자들의 질량 중심에 대한 각운동량과 꼭 맞는 값을 가질 가능성은 거의 없습니다. 물론 이 모든 것은 양자역학이 발견되기 몇 년 전의 일이었습니다. 따라서 실제로 발생하는 화학 반응을 통한 풍부한 실험 정보가 없었다면 단순한 결합 반응은 불가능하거나 확률이 0이라고 결론을 내리는 것은 당연했을 것입니다. 제가 제안한 문제에 대한 답은 실험 정보와 화학 평형의 확립에 대한 연구를 바탕으로 (i) 에너지 준위들은 선명하게 분리되지 않은 채 어느 정도 폭을 가지고 있으며, 충돌하는 원자 쌍의 에너지가 그 에너지 준위의 폭에 속하면 반응이 일어날 수 있다는 것과 (ii) 주어진 원자 쌍의 각운동량은 자동으로 Planck 양자 $\hbar$[12]의 그 다음 정수 배로 신비롭게 채워지므로 각운동량에 대한 제한은 무시해야 한다는 것입니다. 이러한 두 가지 방안은 분자의 해리解離 과정에 대한 화학적 평형을 올바르게 확정할 수 있었습니다. 이 방안들은 또한 일반적으로 공명 반응에 대한 타당한 그림을 제공하며, 여러분들 대부분이 알고 있듯이 저는 이러한 반응들에 계

---

12 $\hbar \equiv \dfrac{h}{2\pi} = 1.0545718 \times 10^{-34} \mathrm{J \cdot s}$

속 흥미가 있었습니다. 제가 이런 이야기를 소개하는 까닭은 저의 생각에 여러분들이 양자역학 이전 시대 사람들의 사고방식에 대한 또 다른 단면에 관심이 있을 것이라고 생각했기 때문입니다. 그 당시에는 논증하기 보다는 더 많이 추측해야 했으며, 입수 가능한 이론의 부적절성이 확립되지 않은 경우에는 추정하는 용기가 지금보다 훨씬 더 컸습니다. 물론 제가 이야기한 내용은, 두 개의 수소 원자를 충돌시켜서 수소 분자를 형성하는 단순한 결합 반응은 그 가능성이 극히 낮은 과정이라는, Salpeter 박사의 결론과 모순되지 않습니다. 수소 분자는 에너지 준위들이 매우 좁고 서로 멀리 떨어져 있다는 이야기입니다. 저는 3개의 수소 원자의 충돌에 의한 분자 형성률을 훨씬 나중에 계산했습니다.

탐구의 즐거움 THE PLEASURE OF EXPLORATION

저의 계산 결과들 중 하나에 대한 이야기를 들었으므로 제 생각에 여러분들은 저의 다른 계산 결과들에 대한 자세한 이야기를 듣고 싶지 않으시리라 믿습니다. 사실 저는 어떤 것이 저에게 가장 큰 기쁨을 주었는지 정말 말씀드릴 수 없습니다. 저는 항상 일을 즐겼고, 그 작업에 대한 결론을 내릴 수 있을 때면 저의 마음과 생각이 조금 더 정돈된 상태에 있음을 항상 느꼈습니다. 제가 알아들을 수 있는 기사를 읽고 난 경우에는 자주 의기양양해지고 많은 경우에 거의 희열을 느끼곤 하였습니다. 더욱이 탐구의 즐거움은 제가 그것을 즐겼던 수년 동안 줄어들지 않은 채 계속되었습니다. 인생의 한 시기는 행복과 기분 전환을 가져다 주며, 자신의 능력이 쇠진함이 거듭 느껴지지 않는 한 가장 행복한 시기입니다. 한 가지 부언하자면, 작업의 성공에 대한 염려, 그리고 전쟁의 최종 결과에 대한 깊은 우려를 제외하고는 전쟁 기간에 정부를 위해 제가 종사한 업무도 흥미롭고 만족스러웠습니다. 다른 동료 물리학자들과의 인연을 통해 형성된 우정 또한 지속적인 즐거움과 만족의 원천입니다.

제가 여러분과 몇 가지 생각을 나누고 싶은 마지막 주제는 과학자와 사회의 관계입니다. 700만 인구에 4명의 물리학자가 있는 한 이 관계는 그다지 중요하지 않았습니다. 그러나, 예를 들어, 미국이 8,000억 달러의 국민 총소득 중 연간 200억 달러를 과학적인 연구에 지출하면 인구 2억의 나라에서 직, 간접적으로 약 5백만 명의 사람들이 이런 저런 종류의 연구에 참여한다면, 질문의 중요성은 그 규모가 달라집니다. 이런 저런 이유로 이 숫자를 상당한 양만큼 변경해야하는 경우일지라도 이러한 점은 여전히 적용됩니다.

만족스러운 삶의 특전 THE PRIVILEGE OF A SATISFYING LIFE

제가 공개적으로 지지하는 것은 우리들이 사회에 얼마나 많은 빚을 지고 있는지를 우리가 알아차리는 일입니다. 그럼으로써 우리는 기쁨을 누릴 수 있게 됩니다. 우리의 주위를 둘러보면 우리는 하고 싶은 일을 하고, 또한 우리에게 가장 큰 즐거움을 주는 일을 하고 있다는 점을 알 수 있기 때문입니다. 저는 이에 대한 답례로 우리들의 결론이나 발견들 중 어느 것이 실용적으로 쓰일 점이 발견된다면, 우리는 그것으로 만족해야 한다고 믿습니다. Ostwald는 그의 저서에서 거의 모든 위대한 인물들이 한 번쯤은 어떤 실제적인 문제, 질병의 퇴치, 생산량의 증대 또는 이와 유사한 것에 시간을 할애했다고 지적하고 있습니다. 그는 또한 거의 모든 사람들이 일반적으로 자신들의 이력이 끝날 무렵에 과학적인 대규모 사업의 경영에 관한 의문들과 그에 따른 실용적 응용 가능성에 대해 정부에 자문하는 시간을 할애해 왔다고 지적합니다. 사회의 아낌없는 지원을 받고 있는 우리는 비 과학자에 대한 경멸보다는 겸손과 감사의 마음을 보여야합니다. 저는 사회가 우리를 지원함으로써 이익을 얻는다고 주장할 수 있다는 것을 압니다. 그러나 다른 사람을 구하기 위해 물에 뛰어 드는 사람도 마찬가지입니다. 그러므로 "그 사회의 진가는 과학자들을 적절하게 지원하는 정도에 따라 올바르게 판단될 수 있다."는 식의 진술은 저에게 혐오감을 느끼게 합니다. 이러한 진술은 자연스럽게 Harry S. Johnson 교수와 같은 반론을 불러 일으킵니다. 그는 "연구 재능을 지닌 개인은 사회의 지원을 받아야 한다는 주장은 마치 예전에 토지 소유주가 여가 생활에 대한 권리를 주장하기 위해 제기된 주장과 다르지 않으며, 사회적 특권을 가진 개인의 가치가 평범한 사람들보다 우월하다는 유사한 가정과 같은 맥락이다."라고 주장합니다. 저는 그러한 비판을 피하기 위해 우리들 모두가 최선을 다해야 한다고 믿습니다. 그 결과로 생기는 대립은 사회와 과학 모두에게, 특히 거대 과학에 해만 끼칠 뿐입니다.

내 물리학 생애에서

FROM MY LIFE OF PHYSICS

Oscar Klein[1]

Professor V. Fock[2] (Physical Institute of the University of Leningrad, USSR)

Klein 교수의 물리학 분야 활동은 저와 거의 같은 시기인 1920년대 또는 그 이전에 시작되었습니다. 1920년경부터 그는 Niels Bohr와 함께 오랫동안 일했습니다. Klein 교수의 이름은 1926년에 de Broglie와 Schrödinger의 파동 방정식을 대전된 입자에 일반화시킬 상대론적 파동 방정식을 찾기 위한 시도를 저와 거의 동시에 (Klein이 다소 일찍) 발표했을 때 접하게 되었습니다. 그 당시에 스핀은 고려되지 않았으며, 전자에 대한 올바른 방정식은 나

---

1 Oskar Benjamin Klein(1894-1977), 스웨덴의 이론 물리학이론 물리학자. 양자장론의 기본을 이루는 Klein-Gordon 방정식과 끈 이론의 핵심적인 역할을 하는 Kaluza-Klein 이론을 제시함.

2 Vladimir Aleksandrovich Fock(1898-1974), 옛 소련 물리학자. 양자역학과 양자 전기동역학 분야의 근본적인 연구에 크게 기여함.

중에 Dirac에 의해 발견되었지만 Klein의 이름을 포함하는 방정식은 스핀이 0인 입자(보존의 경우)에 대한 방정식으로 해석될 수 있으며 중요합니다.

Klein의 이름은 자유 전자들에 의한 전자기 복사 산란에 대한 상대론적 공식인 Klein-Nishina 공식에도 나타나고 있습니다. 1930년대 초반에 많이 논의된 주제는 음(−)인 에너지 상태들과 연관된 Klein 역설(Klein paradox) 이었습니다. 이 역설의 해답은 Dirac의 양전자(positrons) 이론에서 찾을 수 있었습니다. Klein의 교환 관계 변환과 isospin(isotopic spin)에 대한 아이디어는 수년 후 Yang-Mills에 의해 전개되었습니다. Einstein의 상대성 이론과 중력 이론에 대한 Klein 교수의 과학적 관심은 결코 끊이지 않았습니다. 그의 초기 연구에서 그는 5차원적 표현 공식과 관련된 의문들을 탐구했습니다.[3] Einstein의 중력 이론을 무한한 우주론적 영역에 적용하는 데 대한 그의 일반적인 사고방식은 제가 아는 한 매우 중요합니다. 마지막으로, Klein 교수의 또 다른 중요한 업적인 노벨상위원회에서의 활동에 대해 언급하지 않을 수 없습니다.

어린애 같은 호기심에서 FROM CHILDISH CURIOSITY

O. Klein:

이 Adria 바다 연안에서 이처럼 큰 친절과 관대한 대접을 받게 되니 오디

---

3   5차원 공간은 상대론적 역학의 통상적인 3개의 공간 차원과 한 개의 시간 차원에 제5의 차원이 추가된 공간. 자연에 존재하는 4 가지 기본 상호작용들의 통합을 시도하는 과정에서 도입된 개념.

세우스(Odysseus)가 많은 고역과 고통 끝에 이 바다에서 육지에 도착했다는 점을 상기시킵니다. 저의 어릴 적부터 스웨덴어 번역판을 통해 오디세이(Odyssey)를 자주 읽고 또 읽으며 사랑해 왔기 때문에 이러한 생각은 저에게 매우 소중하게 다가옵니다. 그리고 몇 년 전에는 제가 영문 번역문이 곁들여진 희랍어 판을 구했으며, 이를 통해 약간의 희랍어 단어들의 의미를 추측할 수 있었습니다. 여러분이 아시다시피, Homer는 영웅이 겪어야 하는 고난을 계속해서 강조합니다. 이제 우리 물리학자들 중 어느 누구도 Troy를 정복한 적은 없지만, 몇몇은 많은 책략들을 소지한 사람이 사용하는 것과 비슷한 종류의 기발한 재주를 필요로 하는 문제를 해결해 내었습니다. 우리 이론가들에게 가장 큰 문제는 오디세우스가 그 사이를 지나갈 수밖에 없었던 (바다 괴물) Charybdis와 Scylla에 해당되는 것과 다소 유사합니다. 그러므로, 추론(speculation)은 실험적인 사실들에 기반을 두는 것만큼이나 이론적인 작업에 필요한 부분인 것은 확실합니다. 그럼에도 불구하고, 그것은 우리들 중에 많은 이들을 정신적 소용돌이로 끌어들입니다. 이는 마치 그 속에서의 탈출이 기적처럼 느껴지는 Charybdis의 유체역학적 소용돌이의 경우와 다르지 않습니다. 반면에, 마치 Scylla가 견고한 것 6개를 가지고 있었던 것처럼, 이론을 세우는 데 있어서 사실들에 너무 집착하는 것 또한 치명적일 수 있습니다. Aristotle 시절에도 이러한 많은 예가 있습니다.

다시 이처럼 우호적인 해안의 리셉션으로 돌아오면, 여러분들이 기억하는 바와 같이, 낯선 사람은 오디세우스의 시절에 다음과 같은 많은 질문을 종종 받게 됩니다.: "어디서 왔는지, 이름은 무엇인지, 부모는 누구인지, 어떤 부류의 삶—해적 행위자 또는 평화 추구자—을 살아가고 있는지?" 자, 이건 이 저녁 시간 연사들의 상황이 아닙니까? 저는 이런 점들을 최대한 잘 해내야만 하겠습니다. 다만, 저의 대답은 오디세우스의 경우보다 한 가지 장점을 가지고 있습니다. 이것은 오디세우스는 여러 시간 지속되었으나, 저는 오디세이의 약 4분의 1 정도만 채우면 되므로 상대적으로 짧다는 한 가지 장점이 있습니다.

제 이름과 저의 소속에 대해서는 이미 말씀드렸습니다. 저의 부모님에 관한 질문에 대해 저는 시간이 허락하는 것보다 훨씬 더 충분한 답변을 드리고 싶습니다. 왜냐하면 그분들이 저의 전반적인 인생관에 끼치신 영향은 물리학에 대한 저의 시각과 분리되지 않기 때문입니다. 저의 부모님은 제가 태어나기 약 11년 전에 독일에서 Stockholm으로 이사했으며, 저의 아버지는 그곳에서 유대인 회중의 수석 랍비가 되셨습니다. 그는 Carpathia 산맥의 작은 마을 Humenneh에서 태어났으며, 제 조부모님께서는 그 외곽에 작은 상점을 가지고 있었습니다. 저의 아버지께서는 어린 나이에 집을 떠나 Eisenstadt에서 Talmud를 공부했으며, 유대교에서 깊은 진보적 운동의 창시자로 유명한 Abraham Geiger의 지도 아래 Heidelberg 대학교에서 랍비학[4] 연구로 박사학위를 받았습니다. 아버지께서는 유대교의 현대적 경향과 관련하여 주로 그리스도교 국가의 기원에 관한 연구에 깊이 참여하는 것과 그의 직업을 바라보는 방식 사이에는 경계선이 없었습니다. 그는 성서 본문에 대한 편협한 문자적 믿음과는 거리가 멀기 때문에 인류를 위한 보편적 평화 시대의 히브리 예언자들의 꿈을 공유했습니다. 그는 1차 세계 대전 직전에 사망했으며, 그렇기 때문에 비슷한 생각을 가진 다른 사람들에게 전쟁이 안겨준 깊은 실망감을 그는 겪지 않았습니다.

많은 이론 물리학자들과 달리 저의 물리학에서의 삶은 철학적 배경이

---

4   랍비학은 탈무드, 유대 율법, 철학, 윤리, 랍비 문학 등에 대한 학문을 일컬음.

아니라 어린애 같은 호기심의 결과였습니다. 이것이, 한편으로는, 저를 몇 년 동안은 조개 껍질과 나비에서 별에 이르기까지 온갖 종류의 것들을 수집 하면서 일종의 젊은 박물학자로 지내게 하였습니다. 이때 별들에 대해서는 어머니의 오페라 관람용 작은 쌍안경의 도움이 컸습니다. 그 호기심은, 다른 한편으로, 저에게는 위대한 권위자였던 7살 위인 형에게 온갖 종류의 관계성과 근원들에 대한 난감한 질문들을 물어보게 했습니다, 마치 Kipling의 「코끼리의 아이」[5]처럼.

모든 것이 새롭던 시절 WHEN ALL WAS NEW

저는 처음에는 주로 생물학에 관한 책을 읽기 시작했고, 그 다음에는 화학에 관한 책을 읽었습니다. 그러한 책들을 찾는 데는 저의 아버지께서 도움을 주셨으며, 그 중에는 Darwin의 「종의 기원」(Origin of Species)과 「인류의 하강」(Descent of Man)이라는 책도 있었습니다. 제가 16 살 되기 직전이었던 1910년 여름에 아버지께서는 "al ein humaner Mensch"라고 높이 찬사를 보내시던 위대한 인물인 Svante Arrhenius[6]께 저를 소개시켜 주셨습니다. Arrhenius는 친절하게도 그의 실험실에서 제가 실험적인 작업을 할 수 있게 허락하고 저에게 책을 빌려주고 또한 독서에 관해 조언을 해 주었습니다. 이때는 모든 것이 새롭고 저의 열망이 거의 무제한이었던 멋진 시절이었습니다.

---

5   영국의 소설가이자 시인인 Rydyard Kipling의 시.

6   Svante August Arrhenius(1859-1927), 스웨덴 출신 물리화학자. 물리화학 분야를 세웠으며,
     전기 해리(electrolytic dissociation) 이론을 제창한 공로로 1903년 노벨 화학상 수상.

저는 대학 공부와 다소 길었던 군 복무를 마친 후 Arrhenius 실험실에서 보낸 마지막 해(1917-18)에 새로운 양자 이론과 통계역학에 관한 논문을 읽는 데 많은 시간을 보냈습니다. 그래서 저는 물론 간단한 원자 모형으로 분광학적 Rydberg 상수[7]를 이해한 Bohr의 설명에 참 놀랐습니다. 그러나 제가 이 결과에 대한 깊은 배경을 이해하는 데는 거리감이 있었습니다. 저는 Sommerfeld, Einstein 및 Debye의 명쾌한 수학적 논문들에 더 깊은 인상을 받았기 때문이었습니다. 그래서 제가 해외 유학을 위한 연구원 장학금을 받았을 때 저는 일차적으로 Einstein과 Debye를 선택했으며, Debye를 선택한 이유는 양자 이론보다는 제가 연구해 왔던 쌍극자 때문이었습니다. 하지만 Bohr가 너무 가까이 있어서 먼저 그에게 Copenhagen에 단기간 체류하러 가도 되겠느냐고 편지를 보냈으며, 그는 친절하게도 저의 요청을 받아들였습니다. 이것은 1918년 봄의 일이었으며, 저는 그곳에 갔으며, 얼마 동안의 Stockholm 방문과 가장 길었던 University of Michigan 방문 기간을 제외하고는, 제가 1931년 겨울에 University of Stockholm에서 이론 물리학 교수로 부임하기 전까지 그곳에 체류했습니다. 그러고 난 후 저는 Einstein과 Debye에게 간 적이 없습니다.

제가 Copenhagen에 왔을 때 Bohr에게는 매우 유능한 한 명뿐인 이론 공동 연구자 Kramers가 있었으며, 그에게는 연구소가 없었고 다만 공과 대학에 방만 하나 있었으며, 우리는 그곳의 도서관에 앉을 수 있도록 허락 받았습니다. 스펙트럼 선들에 대한 그의 논문의 첫 부분이 막 출간되었으며, 저는 Kramers의 도움을 받으면서 그 논문을 철저히 공부했습니다. 그리고

---

7 분광학에서 Rydberg 상수 R_∞($\approx$ 1.0973731 m^{-1})는 원자의 전자기 스펙트럼을 특징짓는 상수이며, 1 Ry($\equiv hc R_\infty \approx$ 13.606 eV)는 원자물리학에서 에너지의 단위로 편리하게 쓰임.

Bohr 자신은 특히 Copenhagen 북쪽으로 긴 도보 여행을 하는 동안 대부분 물리학과 관련이 있는 다른 많은 것들에 대해 이야기했으며 그 때 자신의 아이디어에 대해 더 언급했습니다. 두 가지 주제, 즉 그의 일반적인 철학적 입장과 그의 아버지께서 가지셨던 삶과 물리학의 관계에 대한 견해에는 모두 훗날 그의 상보성 관점의 싹이 내포되어 있었습니다.

저는 Gibbsian 통계역학을 적용하여 Bjerrum 선들 위에 있는 강한 전해질 이온들과 Debye 선 위에 있는 쌍극자들 사이의 힘을 탐구하느라 씨름하고 있었으며, Bohr는 Gibbs의 일반적인 정준 분포(canonical distribution)[8]에서 어떻게 온도의 정의를 내리게 되는지에 대하여 저에게 이야기하면서 이 주제에 대한 그의 더 깊은 견해를 보여 주었습니다. 이 모든 것은, 비록 일반화된 브라운 운동에 관한 저의 학위 논문으로 이어진 제 자신의 연구 결과보다 더 많은 문제점들이 있었지만, 저에게 새로운 시대를 의미했으며, 본질적으로 행복한 시절을 뜻했습니다. 이는 상호작용하는 입자들로 이루어진 용액 이론의 기초가 되었습니다.

이 초기 몇 년 동안 Bohr와 Kramers의 근본적인 연구는 양자화, 즉 원자들 속에 있는 전자들의 역학적으로 가능한 궤도들 중에서, 양자 상태를 나타내는 데 적합한 궤도들을 분류하는 방식의 방향을 바꾸었습니다. 물론 Bohr는 이것은 엄밀한 양자역학을 위한 준비로서 단지 잠정적인 과정

---

8 통계역학에서 정준분포(또는 Boltzmann 분포라고도 부름)는 일정한 온도로 열원(heat bath)과 열평형 상태에 있는 역학적인 계가 가질 수 있는 가능한 상태들의 통계적인 분포를 일컬으며, 이때 가능한 상태들의 분포를 결정하는 중심적인 열역학적인 변수는 계의 절대온도임.

임을 이미 알고 있었습니다. 그러나 Bohr는 대응(correspondence)[9]이라는 단어를 도입한 이러한 방식으로, 미완성된 이론과 불충분한 실험적 사실들에서 충분히 정확한 결과를 얻어 내는 그의 탁월한 재능으로 두 바다 괴물 Charybdis와 Scylla 사이를 참으로 이상할 정도로 성공적으로 통과하면서 놀랍게도 많은 것들을 이루어냈습니다.

좀 더 깊은 배경 DEEPER BACKGROUND

이러한 환경에서는 이처럼 낯선 양자 규칙들의 전체 양자수들에 대한 더 깊은 배경을 상상하는 것은 자연스러운 일이었습니다. 저는 이것이 제가 여러 번 도전했던 일들에 대한 주요 원천들이었기 때문에 이에 대해서 조금 더 이야기해 보겠습니다. 이것은 제가 실수를 거듭한 후 서서히 저를 상대성 이론과 그 이론의 양자론 및 우주론과의 관계성에 대한 현재의 견해로 이끌었습니다.

1920년대 초반 언제인가 제가 빛의 파동 이론에 관한 Fresnel의 연구를 공부하던 중, 물리학에서 정수(whole numbers)는 두 가지 방식 즉 양자(quantum)에 관한 일반적인 방식인 원자론(atomism)을 통하거나 또는 파동의 간섭을 통하는 방식 중 하나로 나타난다는 사실에 놀랐습니다. 서서히 이러한 사고의 경향은 제가 Hamilton의 원래 방식에 대한 Whittaker

---

9   물리학에서 대응원리(correspondence principle)는 양자역학적인 이론으로 기술되는 계(system)의 거동은 그 계의 양자수(quantum number)가 큰 극한 영역에서는 고전역학의 결과를 재현한다는 원리.

의 「해석 동역학」(*Analytical Dynamics*)[10]에 쓰인 총설을 읽으면서 그 형태가 다소 명확해지기 시작했습니다. 그 방식은 훗날 'Hamilton-Jacobi 방정식'이라고 불렸으며, Jacobi의 「해석 역학 강의」(*Vorlesungen analytische Mechanik*)[11]를 통해서 우리들에게 양자화기量子化器(quantizer)로도 알려져 있습니다. Hamilton에 따르면, 이 방정식은 Huygens의 방식으로 광학에서 기하 광학과 역학 사이를 연결하는 파동면(wavefront)의 전파를 결정합니다. 따라서 닫힌 궤도에서 움직이는 입자에 속하는 양자 상태는 주어진 궤도 위의 파장의 수가 양자수와 같아지도록 파동에 대한 기하학적 근사법에서 파동이 마치 자기 자신과 간섭하는 것처럼 보이게 됩니다. 이 점은 제가 1923년 여름에 광학에 관한 조그마한 책을 집필하면서 한동안 알고 있었는데, 저는 이것이 정지 파동(standing wave)이 일어나기 위한 조건 즉 고유 진동의 조건으로 해석될 수 있음을 알게 되었습니다.

　그해 여름이 끝날 무렵 저는 결혼을 했고 9월 초에 아내와 저는 미국의 Ann Arbor로 갔습니다. 그곳에서 지금은 우리의 소중한 친구가 된 Walter Colby의 주선으로 University of Michigan의 이론 물리학 강사로 임용되었습니다. 우리는 거의 2년 동안 그곳에 머물렀고, 그 기간 동안 저는 강의와 그 밖의 다른 지도 외에도 그곳 물리학과 학과장이었던 H. M. Randall 교수의 매우 수준 높고 사심 없는 지도하에 물리학과에서 진행되고 있던 분자 스펙트럼 연구와 다소 관련이 있는 다른 문제들에 대해서도 열심히 연구했습니다.

10　*A Treatise on the Analytical Dynamics of Particles and Ridge Bodies*, E. T. Whittaker (Cambridge Univ. Press, 1937).

11　*Vorlesungen über analytische Mechanik*, Carl G. J. Jacobi (Berlin, 1847/48).

추론의 소용돌이 WHIRLPOOL OF SPECULATION

그러나, 다음 해 가을에 저는 전자기학 과목에 대한 강의를 했으며, 강의를 마칠 무렵에 전기를 띤 입자가 중력장과 전자기장을 함께 받고 있는 경우에 대한 일반 상대론적 Hamilton-Jacobi (H-J) 방정식을 유도했습니다. 이를 통해서 전하의 단위를 적절히 택하면 운동량의 제4 성분과 유사한 꼴로 나타나므로 전자기적 퍼텐셜과 Einstein의 중력 퍼텐셜이 H-J 방정식에 들어가는 방식의 유사성이 마치 전체적으로 4차원 공간에서 파동면의 방정식과 유사한 모습으로 보였으며 이런 점이 저에게는 큰 충격으로 다가왔습니다. 이런 사실은 저를 추론의 소용돌이로 몰아넣었고, 저는 수 년 동안이나 이 문제에서 헤어나지 못했으며, 몇 가지 면에서는 아직도 저의 호기심을 끌고 있습니다.

이것이 저에게 강한 인상을 준 까닭은 이미 제가 말씀드린 양자화 규칙에 대한 파동적인 배경을 찾으려 한 시도에서 비롯되었습니다. 그래서 한동안 저는 자유 입자의 운동을 나타내는 파동은, 광파와 유사하게 4차원 공간에서, 일정한 속도로 전파되어야 한다는 생각을 가지고 있었습니다. 이때 우리가 관찰하는 운동은 4차원 공간에서 실제로 일어나는 일을 우리의 일상적인 3차원 공간에 투영된 운동입니다. 이 아이디어는 Bohr가 가끔 이야기한 바에 의해 확실한 지지를 받고 있는 것처럼 보였습니다. 그래서 양자 현상을, "이동시킬 수는 있지만 제거되지는 않는 실존하는 매듭"이라고 보면서, 일반적인 유형의 시공간 이론으로 설명할 수 없음을 가장 강력하게 강조하면서 그는 때때로 "그러한 이론은 어쩌면 4차원 공간 안에서나 가능할 것"이라고 말했습니다. 이것은 제가 Bohr처럼 어린 시절부터 회의적이었던 소위 (일반 심리학으로 설명할 수 없는 정신 영역을 다루는) 초超심리학적(parapsychological) 현상과는 아무런 관련이 없었습니다.

이러한 추론에 얽혀 있는 것 외에도 제가 파동 방정식을 사용하여 힘 마당(field of force) 안에 있는 어느 한 입자의 양자 상태에 대응하는 정지파에 대한 탐구의 시작을 주저하게 만든 또 다른 이유가 있었습니다. 따라서, 파동의 전파에 관한 Hadamard[12]의 책을 통해서 저는 파동면 방정식과 2계 파동 방정식 사이의 관계가 유일하지 않으며, 선형 2계 항 외에도 비선형 항이 있을 수 있다는 점을 알았습니다. 그리고 저는 그러한 항들은 전자의 입자적인 특성과 어느 정도 관련이 있을 것이라고 믿었습니다. 이것은 확실히 어리석은 일이지만 당시에는 분명히 그렇지 않았습니다. 하지만 Dirac 교수는 저의 가장 큰 문제는 한꺼번에 너무 많은 문제를 해결하려는 시도에서 비롯되었다고 말할지도 모릅니다!

제가 다시 Copenhagen에 머물 때는 1년 이상 조화 진동자(harmonic oscillator)에 대한 Hamilton-Jacobi 방정식에 대응되는 선형 파동 방정식의 정지파 상태들을 결정하기 위한 시도를 하지 않았습니다. 수소 원자의 전자에 대한 유사한 해를 싣고 있는 Schrödinger의 논문이 출간되었을 때도 저는 시간이 부족하고 수학이 서툴러서 이 문제 해결에 성공하지 못했습니다.

---

12 Jacques Salomon Hadamard(1865-1963), 프랑스 수학자. 정수론, 복소 해석학, 미분기하, 편미분방정식 연구에 크게 기여함.

5차원 안에서 IN FIVE DIMENSIONS

Ann Arbor에서의 일들로 다시 돌아와서, 저는 방금 언급된 비유들이 얼마나 멀리까지 미치는지가 매우 궁금해졌습니다. 먼저 전자기장에 대한 Maxwell 방정식과 Einstein의 중력 방정식이, Einstein의 4차원 수식 체계처럼, 5차원 Riemann 기하학(4차원 + 시간에 해당)의 수식 체계에 적합한지 알아 내려고 했습니다. Einstein의 4차원 수식 체계에 대하여 저는 그 당시 아주 피상적으로 알고 있었고 이제는 Pauli의 명저[13]를 통해 배우려고 했습니다. 대전된 입자가 5차원 측지선(geodesic)을 그려내는 5개의 방정식을 가정하는 선형 근사 방식으로 이것을 제가 증명하는 데는 오랜 시간이 걸리지 않았습니다.

그러나, 저는 이 결과에 만족하지 않았고 Denmark로 돌아온 후인 1925년 여름의 대부분을 긴 계산을 수반하는 엄밀한 방정식을 수립하는 데 진력했습니다. 추가적인 공간 차원을 만드는 신호로 전하와 운동량의 제4 성분을 연결하는 비례 계수를 적절히 선택하면 그 결과는 놀랍게도 Einstein의 중력 방정식과 Maxwell 방정식의 일반 상대론적 형태에 정확히 일치하는 것으로 나타났습니다. 그 당시에 모든 전하가 기본 전하 단위의 (양수 또는 음수) 정수 배라는 실험적 사실과 함께 4차원 공간의 기하학적 기법을 문자 그대로 취하면, 이러한 관계는 공간이 제4 차원의 방향으로 닫혀 있으며 그 둘레는 관찰된 최소 거리를 훨씬 넘어서는 0.8×10^{-30} cm라는 점을 믿게 했습니다. 이 기법을 따르면 물리량들은 추가적인 좌표의

---

13 「Theory of Relativity」(1921), Wolfgang Pauli가 21세의 젊은 나이에 출간한 당시 상대성 원리에 대한 문헌을 완벽하게 다룬 것으로 알려진 명저.

주기적인 함수들이어야 하고, 측정 가능한 양들은 이처럼 작은 원둘레에 대한 평균값이며, 높은 배진동(overtones)들은 큰 전하 상태들에 대응합니다. 이것이 통상적인 물리적 공간이 3차원에 불과한 이유라고 저는 생각했습니다. 게다가, 저는 그 당시에 문제의 주기성은 자연의 양자적 양상에 대한 근원이라고 믿었습니다.

여름이 끝날 무렵 우리는 Denmark로 돌아가기 전에 어머니를 방문하기 위해 Sweden으로 갔으며, Bohr는 제가 Michigan 대학교를 떠나 있는 동안 Copenhagen에 머물 수 있는 연구비를 확보해 놓았습니다. 그러나 제가 유행성 간염으로 심하게 앓고 있었으므로 Sweden에서 1년 동안 머물러야만 했으며 Copenhagen에는 1926년 3월 초에 도착했습니다. 그 반년 동안 물리학 영역에서는 많은 일들(가장 중요한 몇 가지만 언급하자면 Heisenberg의 양자역학에 대한 돌파구적인 새 발견, Goudsmit 및 Uhlenbeck의 전자 스핀에 관한 논문, 수소 원자에 대한 Pauli의 행렬 이론 등)이 일어났으나, 저는 거의 읽어내 못했습니다. 그러나 우리가 Copenhagen에 가기 몇 주 전에 있었던 휴양 여행 중에 저는 제가 해오던 양자量子 추정 작업은 Copenhagen에서 할 일로 미룬 채, 5차원 이론에 대한 여름 연구 결과 논문을 작성했습니다. 이미 언급했듯이 Schrödinger의 첫 번째 파동역학 논문이 발표되었을 때 저는 그곳에서 가장 간단한 파동 방정식을 써서 조화 진동자의 정지 상태를 알아 내려고 시도했습니다.

몇 주 후 Pauli가 Copenhagen에 왔을 때 저는 5차원 이론에 관한 제 원고를 그에게 보여줬고 그것을 읽은 후에 그는 Kaluza가 몇 년 전에 제가 놓쳤던 논문에서 비슷한 아이디어를 발표했다고 말했습니다. 그래서 저는 그것을 찾아보았지만—Bohr가 저에게 1925년 여름에 보여 주었던 de Broglie의 논문처럼—저는 그것을 다소 부주의하게 읽었으며, 그 당시 체념하는 마음으로, 제가 쓴 논문에서 당연히 둘 다 인용했습니다. 1925년 여름, 저는 양자 이론에 대한 Bohr-Kramers-Slater의 통계적 해석이 실패한 후 Kramers가 낙담한 상태에 있음을 알았습니다. 물론 당시에 그는 그의 분산 공식을 통하여 대응 이론에 대한 중요하고 멋진 기여를 했었습니다. 저는 분명히 과학은 아이들에게서 놀이만큼이나 중요한 주제라고 제가 생각한다는 점을 편지에서 지적하면서 그를 격려하려고 노력했습니다. 당시에 우리들에게는 둘 다 어린 아이들이 있었습니다. 저는 이 상황을 이제 저 자신에게 적용해야 할 때라고 생각했습니다.

그렇더라도 저는 그 논문에서 마치 난파된 선박에서 제가 건질 수 있는 잔해물을 건지듯이 무엇이든 모두 얻어내고자 시도하였으며, 동시에 Schrödinger와 de Brogile에게서 최대한 많은 것을 배우려고 노력했습니다. 저는 비록 Hamilton-Jacobi 방정식을 통한 제 자신의 방식과 본질적으로 다르지 않음을 곧 알게 되었지만 군속도(group velocity)[14]에 대한 Schrödinger와 de Brogile의 멋진 착상에 매료되었기 때문이었습니다. 저는 우선 Schrödinger로부터 전류 밀도 벡터에 대한 비상대론적 표현에 대한 그의 정의를 배웠습니다. 그의 정의는 상대론적 파동 방정식에 적용되는 표현으로 쉽게 일반화할 수 있었습니다. Schrödinger가 이것으로 수소 원자 문제에 성공한 이후 저는 비록 이 방법이 선형 근사를 능가한다는 확신은 없었지만, 가능한 비선형 항들을 생략하기로 마음을 굳혔습니다. 아울러 저는 5차원 이론에서 전류 밀도 벡터에 속하는 에너지-운동량 성분들을 도출했습니다. 저는 이 결과들의 출간을 많이 늦추었습니다. 이에 상응하는 비상

---

14 파동의 군속도는 공간 안에서 파동 진폭의 포괄적인 모양 즉 파동의 변조된 모습이 전파해 나가는 속도를 일컬음.

대론적 표현들이 포함된 Schrödinger의 논문이 곧 출간될 즈음이었기 때문이었습니다.

사려 깊은 회의론 KIND SKEPTICISM

논문을 Zeitschrift für Physik에 보낸 지 얼마 되지 않아 저는 놀랍게도 H. A. Lorentz에게서 편지를 받았습니다. Lorentz는 제가 특별히 존경하는 분으로 제가 16살 때 과학도들을 위한 미분적분학에 관한 그의 훌륭한 책을 읽었으며 나중에 물리학의 다른 영역에 대한 그의 저술 여러 편을 읽었습니다. 그는 친절하게도 저에게 그 해 6월에 Leiden에서 몇 주를 보내면서 5차원 이론에 대한 저의 의도에 대해 이야기해 달라는 초청장을 보내왔습니다. 제가 나중에 안 바이지만, 이 초청의 배경은 이렇습니다. 제가 제 논문 한 부를 준 바 있는 L. H. Thomas[15]가 Copenhagen에서 Cambridge로 가는 길에 Leiden에 들러 그 논문을 Ehrenfest[16]에게 보여 주었으며, Ehrenfest

---

15 Llewellyn Hilleth Thomas(1903-1992), 영국인 물리학자 및 응용 수학자. 수소원자의 스핀-궤도 상호작용에 대한 상대론적 효과(Thomas precession)를 밝혀내었고, Schrödinger 방정식이 도입된 직후인 1927년에 다체계의 전자 구조에 대한 준準고전적인 양자역학적 이론(Thomas-Fermi 이론)을 창안해 냄; L. H. Thomas, Mathematical Proceedings of the Cambridge Philosophical Society **23** (5), 542-548 (1927); Enrico Fermi, Rend. Accad. Naz. Lincei. **6**, 602-607 (1927).

16 Paul Ehrenfest(1880-1933), 오스트리아 출신 이론 물리학자. 통계역학과 이의 양자역학과의 관계성 규명에 크게 기여하였으며, 특히 상전이 이론 및 위치와 운동량 연산자(operator)에 대한 양자역학적인 기대값(expectation value)의 시간 변화율과 힘의 기대값 사이의 관계를 제시한 Ehrenfest 정리(Ehrenfest theorem)에 대한 증명으로 유명함. Hendrik Kramers, Dirk Coster, George Uhlenbeck, Samuel Goudsmit 등은 그의 유명 제자들 중 일부.

는 특유의 충동성으로 Lorentz에게 저를 초대해 달라고 요청했던 것입니다. Copenhagen을 떠나기 전에 저는 Bohr와 Heisenberg에게 저의 아이디어에 대해 이야기할 수 있는 특전을 누렸고, 그 분들은 신중한 회의적인 태도로 경청했습니다. Leiden에서의 체류는 다소 힘든 한 해를 보낸 후 갖게 된 가장 활기차고 참신하며 신나는 기간이었습니다. Lorentz는 제 강의를 들으면서 조용하고 명쾌한 태도로 토론에 참여했습니다. 제가 만난 물리학자들 중에서 먼저 Ehrenfest와 그의 아내를, 그리고 즐거운 토론으로 이끈 Uhlenbeck[17]과 Goudsmit[18]에 대해 이야기하겠습니다.

어느 날 Ehrenfest는 Compton 효과의 양자역학 이론을 다룬 Dirac의 새 논문을 가져왔는데, 그 논문은 우리가 읽으려고 했지만 성공하지 못한 것이었습니다. 제 생각에 그 문제는 원자의 한 정상상태(stationary state)에서 다른 정상상태로의 전이와 유사하게 Schrödinger 방식으로 취급될 수 있다는 생각이 떠올랐습니다. 여기서 상태는 복사장(radiation field)의 영향을 받고 있는 상자 안에 들어 있는 어느 한 전자의 상태입니다. Uhlenbeck과 저는 계산하기 시작하여 정성적으로는 괜찮아 보이는 결과를 얻었으나, 우리에게는 시간이 별로 없었으므로 단기간에 정량적 결과를 내지는 못했습니다. 저는 이것을 집에 가서 다시 계속할 계획이었으나, 많은 문제들이 대두되고 있었습니다. 다른 무엇보다도 Kramers의 분산 공식을 Schrödinger 방식으로 유도하는 일이었습니다. 이 일은 Schrödinger의 첫 번째 논문이

---

17 George Eugene Uhlenbeck(1900-1988), 네덜란드 태생 미국인 이론 물리학자. 2차 세계 대전 기간에는 레이더 연구를 주도한 Radiation Laboratory(Cambridge, Massachusetts 소재)에서 이론 그룹을 이끎.

18 Samuel Abraham Goudsmit(1902-1978), 네덜란드 태생 미국인 이론 물리학자. 1925년에 George Eugene Uhlenbeck과 함께 전자들의 스핀 개념을 제시함.

나온 직후에 제가 시간 의존 상대론적 파동 방정식을 Heisenberg에게 보여 주었을 적에 그가 저에게 그 가능성을 제시했던 것입니다. 파동역학의 대응 원리에 대한 저의 연구는 그 진행 절차에 대한 개요는 이미 제시되었으나 논문 작성이 아직 완성되지 않아서 제 논문이 나오기 전에 유사한 경험을 바탕으로 하여 Gordon은 앞서 언급한 Dirac의 논문에 제시된 결과와 동일한 결과를 보여 주는 논문을 출간했습니다.

복사선에 대한 논란 ARGUMENT ON RADIATION

같은 해 9월, Heisenberg가 이미 파동역학에 대한 그의 일반적인 견해에 대해 우리에게 말했을 때 언급한 Schrödinger의 주목할 만한 Copenhagen 방문이 있었습니다. 그는 파동역학을 마치 광학 분야에서 입자 이론이 파동 이론으로 대체되었을 때의 상황과 매우 유사한 것으로 받아들였습니다. 이것은 Bohr와 Heisenberg로부터 매우 활기찬 반론을 불러 일으켰으며, 가장 두드러진 논란은 원자에서 방출되는 복사선을 이러한 방식으로 기술하는 것은 양자 이론의 바로 그 토대인 열복사에 대한 Planck 공식과 일치하지 않을 것이라는 것이었습니다. 마침내, Schrödinger는 납득한다고 선언했지만 그의 말년에는 다소 이해하기 힘든 그의 원래 생각으로 되돌아갔습니다. 반면에, Copenhagen에 있는 우리 모두는 Schrödinger가 많은 문제들에 파동 역학을 적용한 것에 감탄했습니다. 그러나 한동안은 파동역학과 Heisenberg의 독창적인 아이디어를 바탕으로 한 행렬역학 사이에 일종의 경쟁이 있었습니다. 하지만 Dirac, Born, 그리고 Jordan의 연구를 통해 그들은 하나의 동일한 이론이며 단지 서로 다른 양상에 불과하다는 것이 분명해졌습니다. 그리고 1927년 봄에는 Bohr의 상보성(complementarity) 관점이 무르익었으며, 이 관점은 Heisenberg의 불확정성 관계에 대한 논문에서 강한 자극을 받았습니다. 이것에 대해 저는 단지 물리학에 대한 Bohr의 자세가 종교에 대하여 저의 아버지께서 지니셨던 자세를 제게 상기시켰다고 말씀드리고 싶습니다.

제 자신의 연구로 다시 돌아가면서, 저는 지금까지 Schrödinger에 대한 Bohr와 Heisenberg의 반론에 동의했는데, 이미 언급한 저의 논문 (*Elektrodynamik und Wellenmechanik vom Standpunkt des Korrespondenz*)[19] 에서 보듯이, 파동역학이 실험적인 사실에 일치하도록 하기 위해서는 일종의, 말하자면 실용적인, 양자화가 필요하다는 것입니다. 앞의 제 논문 작성 작업은 Bohr와의 수많은 논의 아래 매우 천천히 진행되었습니다. 그럼에도 불구하고, 저는 그 논문의 마지막 절에서 보였듯이 5차원 이론에 대한 확장을 통해 이러한 근사적인 취급에 대한 토대가 제시되기를 바랍니다. 그래서, 마침내 그 논문이 Zeitschrift für Physik에 접수된 후, 저는 이 문제를 좀 더 면밀히 들여다보기 시작했습니다. 첫째, 저는 Schrödinger의 방출이론은, Bohr와 Heisenberg가 주장했던 것과 같이, Planck 공식이 아니라 Rayleigh 공식으로 연결된다고 스스로 확신했습니다. 그런 다음, 저는 다입자(many-particle) 문제의 양자론적 취급과 같은 일들이 5차원 이론에서 비롯될 수 있는지 알아보려고 했습니다. 하지만 결과는 실망스러웠습니다.

그 후 Dirac의 새로운 논문이 나왔습니다. 이 논문에서 Dirac은 양자화 절차를 복사장(radiation field)에 적용하고 있으며 마치 Rayleigh가 복사장

---

19 O. Klein, Zeitschrift für Physik **41**(10), 407-442 (1927); "Electrodynamics and wave mechanics from the point of view of the correspondence principle".

을 정지파들로 분해한 방식으로 복사장을 결합되지 않은 진동자들의 조합으로 다루고 있었습니다. 저는 동일한 절차를 일반적인 방식으로 밀도에 기인하는 스칼라 퍼텐셜을 통해 정전기적으로 결합된 Schrödinger 장에 적용하려고 시도하게 되었습니다. 저는 일반적인 입자계의 Hamilton 역학의 양자화 절차에 기초한 접근 방식보다 시공간 체계에서 시작하는 이 접근 방식을 더 선호했습니다. 비非교환 인자들이 잘못된 크기를 주는 교란 항을 제외한다면 저의 계산 결과는 배위 공간(configuration space)에서 Schrödinger의 파동 방정식과 일치했습니다. 이 일은 1927년 3월에 있었으며, 제가 새로운 양자역학을 알게 된 지 1년 후의 일이었습니다. 그때 이후로 저는 4차원이든 5차원이든 일반화된 장 이론(generalized field theory)은 고전적 유형의 이론이 아니라 양자장 이론(quantum field theory)이어야 한다고 확신했습니다.

가을에는 독자적으로 같은 접근 방식을 시작한 Jordan이 Copenhagen에 왔습니다. 그는 제가 봉착한 애로 사항이 정전기적 자체 에너지(electrostatic self-energy)와 관련이 있으며, 지금의 이 특별한 경우에는 비非교환 인자들의 상호 자리바꿈에 의해 상쇄됨을 저에게 보여 주었습니다. 우리는 공동 논문을 썼습니다. 거의 비슷한 시기에, 저는 5차원 이론에 대한 새로운 논문을 썼습니다. 저의 대응 원리 이론 논문을 읽을 때 잔뜩 화가 났던 Pauli의 마음에 들도록 이 논문에서는 방금 언급한 관점을 택하였습니다.

Jordan과 제 논문은 대칭 양자화(symmetric quantization)의 사례만을 다루었습니다. 하지만 우리가 그 논문을 작성하는 동안에 Jordan은 제게 반反대칭 양자화(antisymmetric quantization)에 대한 그의 접근법에 대해 이야기했으며, 나중에 그와 Wigner가 자세히 다루었습니다. 이것은 저에게 큰 감동을 주었습니다. 지난 1년 동안 저는 파동 이론 방식으로 Pauli 원리를 고려하려 했지만, 지금은 Jordan의 접근 방식으로 너무나 아름답게 실현되어 있는 이 양자 택일의 (전부 아니면 아무 것도 아닌) 상황에 대한 수학적 표현을 찾는 데 실패했습니다.

이 일이 있은 지 얼마 되지 않아, Dirac은 Bohr에게 전자에 관한 논문의 초안을 보냈는데, 그것은 놀라운 뜻밖의 일로 다가왔습니다. 그리고 Bohr는 새해 초에 그것에 대해 더 배우기 위해 저를 Cambridge로 보냈습니다. 이 일이 저에게 매우 깊은 인상을 주었기 때문에 저는 한동안 저의 일반 상대성에 대한 추론을 완전히 포기했습니다. 그리고 부활절 무렵에 Pauli가 Copenhagen에 왔을 때 결과를 아직 발표하지는 않았지만 Heisenberg와 그가 양자 전기동역학에 관한 공동 연구에서 사용해 왔던 5번째 차원의 종말로 우리는 와인 한 병을 비웠습니다. 하지만 우리는 둘 다 되 살아났습니다. 그해 봄 Nishina[20]는 Hamburg에 머문 후 Copenhagen으로 돌아왔고, 우리는 Dirac의 전자 이론(electron theory)에 따라 Compton 효과에 대한 연구를 늦여름까지 진행했습니다.

1935년 여름에 잠깐 동안 "5차원 연구"에 대한 공격을 받은 후, 1937년에는 Yukawa 이론에 대한 논문 때문에 이보다 더 격렬한 공격을 받게 되었습니다. 저는 1938년에 Warsaw에서 개최된 한 학술회의에서 그 이론에 관한 논문을 발표하고 그 결과를 학술회의 논문집에 게재하였습니다. 제 문제

---

20 Yoshio Nishina(芳雄 仁科, 1890-1951), 일본인 물리학자. '일본 내 현대 물리학 연구의 창시자'로 불림. 1927년에 Oskar Klein과 공동으로 단일 자유 전자에 의한 광양자(photon)의 미분 산란 단면적에 대한 양자 전기동역학적 1차 표현식인 Klein-Nishina 공식을 제시하였으며, 1931년에는 RIKEN에 Nishina Laboratory를 설립하고 Heisenberg, Dirac, Bohr 등의 유명 물리학자들을 일본에 초청하여 지역 물리학자들을 고무시킴. 2차 세계 대전 기간에는 일본 내의 원자핵 폭탄 연구 노력을 이끎.

점은, 5차원 이론에 대한 저의 이전 논문에서처럼, 제가 이론적인 시도를 오늘날은 소립자 물리학이라고 불리는 분야에 대한 매우 불충분한 지식과 조급하게 연결시키려 했던 점이었습니다. 이번에 저는 장(fields)이 부가적인 좌표에서 Fourier 급수로 표현되는 주기성 가설(periodicity hypothesis)을 1927년 논문의 주석에 제시된 0과 단위 전하에만 해당하는 2-열(two-row) 행렬 표현으로 대체했습니다. 더욱이, 저는 처음으로 Dirac 방정식의 일반 상대론 형태를 일반화 이론의 출발점으로 삼았습니다. Dirac의 전자 이론이 등장한 이후 저는 일반 상대론적인 추정을 포기했기 때문에, 많은 물리학자들에 의해 상세히 전개된 이 형태에 거의 관심을 두지 않았습니다. 하지만 저는 이 일반 상대론적 방정식을 점점 더 비非중력적 상호작용들을 포함하는—우선은 전자기적 상호작용들을 포함하는 경우—일반화된 양자장 이론에 대한 자연스러운 출발점으로 여기게 되었습니다.

이러한 다소 추론적인 발상들을 그만두고, 저는 Einstein과 그를 따르는 사람들의 우주론적 탐구에 대한 저의 입장을 몇 마디 하겠습니다. 일반 상대성 이론에 대한 Einstein의 접근 방식을 분석하다 보면 그것의 본질적인 기반은 등가 원리(principle of equivalence)[21]라는 것을 보여줍니다. 이것은 물리학의 통상적인 법칙들, 즉 특수 상대성 이론의 법칙들은 실질적으로 중력장이 균질한 공간 안에서 자유낙하하는 기준틀 안에서 그리고 그 기준틀이 사용되는 시간 동안에 적용되어야 한다는 것입니다. 이제, 우선, 그

---

21 일반 상대성 이론에서 중력과 관성력은 그 본성이 유사하며 종종 구분되지 않는다는 근본적인 물리 법칙. 이 법칙은 국지적으로 체험되는 중력은 가속되고 있는 기준틀 안에 있는 관측자가 체험하는 가상적인 힘과 동일하다는 Einstein의 관찰에서 비롯됨. 이 원리를 뉴턴 역학적으로는 '일정한 중력을 받으면서 자유 낙하하고 있는 창문이 없는 방 안에 있는 관측자는 그 방이 가속 운동 상태에 있다는 점을 인지할 수 없다'라고 서술할 수 있다.

러한 기준틀은 대체적으로 우주와 관련이 전혀 없습니다. 현실적으로 지구의 상공 어느 곳에서든 인공위성에 의해 실제로 실현되기 때문입니다. 둘째로, 등가 원리는 중력이 무시될 수 있는 기준틀 안에서 이루어진 측정을 통해 물리량들이 그 의미를 얻는다는 것을 암시합니다. 이것은 어느 한 입자나 물체의 질량에 적용되며, 따라서 Mach가 가정한 것처럼 우주 안에 있는 질량의 총량과는 관련이 없습니다.

의심할 자유 THE LIBERTY OF DOUBT

이제, Einstein의 우주론적 탐구의 주된 근거는 Mach에 의한 매우 매력적인 아이디어였고, 그는 그것이 등가 원리와 양립할 수 없다는 것을 알아 차리지 못한 것 같았습니다. 제가 일부 초기 논문과 또한 곧 출간될 논문에서 제시하고자 했던 바와 같이, 이것은 Einstein이 너무 큰 비중을 두었던 상대론적 우주론에 대한 (연역적인) 선입견들을 없애줍니다. 따라서 Dicke의 우주론에서 예측한 소위 불덩어리 복사(fireball radiation)나 Gamow의 우주 모형에서 예측한 특정한 별들의 헬륨 함량과 같은 흥미로운 귀납적인 논증들은 저처럼 은하계를 고차원 유형의 항성계의 첫 번째 표본으로 받아들이고 우주론을 통상적인 물리학과 아주 비슷한 이론으로 대체하고자 하는 사람들에게는 도전으로 다가옵니다.

저는 Einstein이 물리학에 기여한 바에 대해 제가 느끼는 위대한 찬탄을 강조함으로써 끝나지 않은 탐구들에 대한 이 강연을 마치고 싶습니다. 먼저 무엇보다 상대성 이론과 양자 이론에 대한 그의 공헌에 대한 느낌입니다. 이것은 그 또한 무엇인가 새로운 것을 시도할 때 실수를 하게 되는 보편적인 인간 조건을 공유했다는 점과 양립하지 않을 수 없는 것이 분명합니다. 철학의 역사가 아닌 과학의 역사에 대한 연구는 한 과학자의 타고난 사고방식은, 위대한 전임자들이 그들의 전임자들에게서 고무된 것처럼, 위대한 전임자들에게서 영감을 받아야한다는 것을 보여 주지만, 의심할 여지가 있을 때는 항상 자유로이 의심해야 한다는 점을 일러줍니다.

위대한 과학자이면서 교육자인 Landau[1]
LANDAU—GREAT SCIENTIST AND TEACHER

E.M. Lifshitz[2]

초기의 재능 EARLY TALENT

Lifshitz 교수의 인사말:

이 자리에서 여러분께 강연을 하게 된 것은 저에게 큰 영광이며, 또한 오랜

---

1 Lev Davidovich Landau(1908-1968), 옛 소련의 이론 물리학자. 이론 물리학의 다양한 분야
   에 걸쳐서 크게 기여했으며, 액체 헬륨II의 극저온(below 2.17 K; −270.98℃) 특성을 규명하
   는 초유체(superfluidity)에 대한 수리적인 이론 개발에 대한 공헌으로 1962년 노벨 물리학상
   수상.

2 Eugene Mikhailovich Lifshitz(1915-1985), 옛 소련의 이론 물리학자. Lev Landau의 제자이며
   동시에 공동 연구자로서 야심 찬 저명 물리학 교재 시리즈인 「Course of Theoretical Physics」
   의 공동 저자. Landau의 "최저 이론 소양"(Theoretical Minimum) 시험을 통과한 43명 중 2등
   이었던 것으로 전해짐.

세월 제 자신과 그리고 오늘 저녁 이 자리에 함께한 저의 많은 러시아 동료들의 선생님이자 친구였던 위대한 분께 경의를 드릴 수 있게 되어 크게 기쁩니다.

Lev Davidovich는 1908년 4월 22일 Bacu에서 태어났습니다. 그의 아버지는 Bacu 석유 회사에서 일하는 석유 엔지니어였습니다. 그의 어머니는 한동안 생리학 연구에 종사해온 의사였습니다.

그는 겨우 13살 때 문법 학교(grammar school)[3]를 마쳤습니다. 그는 이미 정밀한 과학에 관심이 있었고 곧 수학에 대한 재능을 보여 주었습니다. 그는 혼자서 수리 해석학(mathematical analysis)을 배웠으며, 그 후에는 미분과 적분이 안 되었던 적을 거의 기억할 수 없었다고 말하곤 했습니다.

Lev Davidovich의 부모님은 그가 대학교에서 공부하기에 너무 어리다고 생각했기 때문에 1년 동안 그를 Bacu 경제 기술 학교에 다니게 했습니다. 1922년부터 그는 Baku State University에서 수학-물리학 학부와 화학 학부를 동시에 다녔습니다. 그는 마지막에 화학 공부를 중단했지만 그 분야에 대한 그의 관심은 평생 동안 계속되었습니다.

1924년에 그는 Leningrad State University의 물리학과에 등록했습니다. 당시 소련 물리학의 중심이었던 그곳에서 그는 맹렬히 새롭게 전개되는 현대 이론 물리학의 국면을 처음 접했습니다. 그는 불타는 듯한 젊은 열정으로 학업을 계속했으며, 수식들을 계속 보았기 때문에 때로는 너무 피곤해서 잠을 잘 수 없었습니다.

---

3   대학 진학의 예비 과정으로 public school과 대등한 중등학교 과정.

믿기지 않는 아름다움 UNBELIEVABLE BEAUTY

나중에 그는 그 당시 일반 상대성 이론의 믿을 수 없는 아름다움에 놀랐다고 말했습니다. 그는 또한 그가 양자역학을 탄생시킨 Heisenberg와 Schrödinger의 논문들을 통해 체험한 황홀경에 대해서도 이야기했습니다. 그는 과학적 아름다움 뿐만 아니라 인간의 독창성 때문에도 그 논문들을 즐겼으며, 그 논문들의 가장 큰 업적은 시공간(space-time)의 곡률이나 불확정성 원리와 같이 우리가 상상할 수 없는 것들을 체계적으로 이해하는 능력이었다고 말했습니다.

1927년에 그는 대학을 졸업했으며 1926년부터 "잠정 국가 연구생"으로 일해왔던 Leningrad Physico-Technical Institute(레닌그라드 물리 기술 연구원)의 국가 연구생이 되었습니다. 그의 첫 번째 논문은 이 기간 동안에 출간되었습니다. 1926년에 그는 2원자 분자 스펙트럼 선의 강도에 대한 이론 논문을 출간했고, 1년 후에는 양자역학에서의 감쇠 문제에 관한 논문을 발표했으며, 그는 이 논문에서 양자역학적 상태를 특징 짓는 밀도 행렬(density matrix)[4]을 최초로 도입했습니다.

그러나, 다른 사람들과 접촉하는 데 있어서 그의 지나치게 민감한 수줍음으로 인해 물리학에 대한 그의 열정과 그의 과학적 삶의 첫 번째 성공은 혼란에 빠졌습니다. 그는 이로 인해 고통을 받았고, 이것은, 그가 나중에 말했듯이, 그를 절망으로 몰아넣었습니다. 나중에는 그는 더 쾌활해졌으며 언제 어디서나 편안함을 느꼈습니다. 이러한 변화는 그의 특유한 자기 수양과

---

4   밀도 행렬은 물리적인 계의 양자 상태를 통계역학적으로 기술하는 데 쓰이는 행렬 개념이며, 고전 통계역학의 위치-운동량의 확률 분포에 대응하는 양자역학적 기법임.

자신에 대한 의무감에서 비롯되었습니다. 이러한 자질은 그의 침착하고 자기 비판적인 마음과 함께 그를 보기 드문 행복 추구 능력을 가진 사람이 되는 데 도움이 되었습니다. 그는 분별 있는 마음으로 인생의 어려운 순간에도 항상 무의미하고 하찮은 것들과 현실적인 것들을 분별하고 그의 자제력을 유지할 수 있었습니다.

1929년 그는 외국을 방문했습니다. 그는 덴마크, 영국, 스위스에서 1년 반 동안 일했으며, Copenhagen에 있는 Institute for Theoretical Physics에서의 체류가 가장 중요했습니다. 그곳에서 그는 유럽 전역에서 온 이론 물리학자들과 함께 당시 이론 물리학의 근본적인 문제에 관한 유명한 Niels Bohr의 세미나에 참석했습니다. Niels Bohr의 위대한 성품과 함께 과학적 분위기는 그의 물리적 세계관을 형성하는 데 결정적이었던 것으로 보였습니다. 그는 항상 자신을 Niels Bohr의 제자라고 생각했습니다. 그는 1933년과 1934년에 Copenhagen을 두 번 방문했으며, 그가 해외에 있을 때 "전자 기체의 반자성 이론에 대하여"(On the theory of diamagnetism of an electron gas)[5]과 "상대론적 양자 이론에 대한 불확정성 원리의 확장"(Extension of the uncertainty principle to relativistic quantum theory; Peierls와 공동으로)[6]라는 두 편의 논문을 발표했습니다.

1931년에 Leningrad로 돌아온 후 Landau는 Leningrad Physico-Technical Institute에서 근무했습니다. 1932년에 그는 Kharkov로 옮겨 최근에 설립된 Ukrainian Physico-Technical Institute의 이론 부서의 장이 되

---

5   L. Landau, Zeitschrift für Physik **64**, 629 (1930).

6   L. Landau and Rudolf Peierls, Zeitschrift fur Physik **69**(1-2), 56-69 (1931).

었으며 동시에 Kharkov Institute of Engineering and Mechanics의 이론 물리학 부서의 리더가 되었습니다. 1935년부터 그는 Kharkov University 의 물리학과 학과장이었으며, 그의 대학에서의 근무는 매우 유익했습니다. 그는 대학에서, 예를 들면, "반도체의 광-전기 효과 이론", "소리의 분산 및 흡수 이론", "금속의 극저온 상태 거동에 관한 연구"를 마쳤으며 또한 Coulomb 상호작용의 경우에 대한 운동학 방정식(kinetic equation)을 도출해 내었습니다. 그는 이때부터 그의 교육 활동을 시작했고 그의 이론 물리학 학교를 설립했습니다.

가르침―그의 천직 TEACHING - HIS VOCATION

이론 물리학에는 20세기에 여러 명의 눈부신 창작자들의 이름이 있습니다. 그 중에는 Landau의 이름도 있습니다. 그러나, 이론 물리학의 발전에 대한 그의 영향력은 그의 개인적인 공헌뿐만 아니라 훌륭한 가르침에도 있었습니다. 가르침은 그의 소명이었습니다. 이런 의미에서 우리는 Landau를 오직 그 자신의 선생님인 Niels Bohr와 비교할 수 있습니다.

대학에서 공부한 이후 그는 이론 물리학을 가르치는 문제에 관심이 있었습니다. Kharkov에서 그는 "최저 이론 소양"(Theoretical Minimum) 프로그램을 개발하기 시작했습니다. 이것은 실험 물리학자나 이론 물리학자가 기초 연구에 적극적으로 참여하는 데 필요할 이론 물리학의 기초 지식을 모아 놓은 것입니다. 그는 또한 물리학을 가르치는 새로운 방법에 대한 열정으로 대학에서 가르치면서 University of Kharkov의 물리학과 학과장이 되었습니다. (나중에, 전쟁이 끝난 후 그는 Moscow University에서 물리학 강의를 계속했습니다.)

　Kharkov에서 그는 이론 물리학 과정과 일반 물리학 과정을 저술하기로 결심했습니다. Landau의 평생 목표는 다양한 수준의 물리학 책을 쓰는 것이었습니다. 그는 대학생을 위한 전공 강좌뿐만 아니라 중등학교 교재도 저술했습니다. 교통 사고[7] 당시 그는 이론 물리학 과정의 저술을 거의 마쳤고, 사실은 두 과정의 제 1권은 완료되었습니다. 그는 물리학자를 위한 수학 과정(mathematical course)을 써보려고 했습니다. 그는 이것을 물리학자들에게 물리적 문제를 해결하는 데 필요한 지식을 제공하는 과정으로 생각했기 때문에 이 과정은 수학적 복잡성과 엄밀함은 없었을 것입니다. 불행히도 그는 이 계획을 실현하지 못했습니다. 그는 종종 물리학자들에게 수리적 방법에 대하여 잘 아는 것의 중요성을 강조했습니다. 그는 물리학자가, 적어도 일반적인 경우에, 이러한 방법을 매우 능숙하게 적용할 수 있어야만 그의 관심을 주어진 문제의 물리학에 완전히 집중할 수 있을 것이라고 생각했습니다. 이를 위해서는 철저한 훈련이 필요했지만, 대학에서 이루어지는 수리 교육의 현황은 이러한 훈련이 늘 충분하지는 않다는 점을 드러냈습니다. 우리는 자신들의 연구를 수행하고 있는 물리학자들의 수학 공부가 너무 "장황하게" 여겨진다는 점을 경험을 통해 알고 있습니다. 그렇기 때문에 Landau는 "자신의" 제자가 되고자 하는 모든 사람들에게 수리 미분 적분학(mathematical calculus)에 대한 철저한 지식을 요구했습니다.[8]

7　Landau는 1962년 1월 7일 그가 탄 차량 앞으로 달려오는 트럭과 충돌함으로써 2 개월간 혼수상태에 빠짐.

8　Landau의 지도 학생들 중에는 Lev Petrovich Pitaevskii, Alexei Alexeyevich Abrikosov, Evgeny Mikhailovich Lifshitz, Lev Petrovich Gor'kov, Isaak Markovich Khalatnikov, Roald Zinnurovich Sagdeev, Isaak Yakovlevich Pomeranchuk 등도 포함됨.

이 지식으로 학생은 이론 물리학의 모든 영역에 대한 기본 지식을 망라하고 있는 "최저 이론 소양"의 7개 영역을 배우는 것이 허용되었습니다. 추가적인 전문 과목을 이수하기 시작하기 전에 이 지식이 필요했습니다. 물론 그는 그 자신이 지녔던 다원화된 지식을 누구에게도 요구하지 않았습니다. 그의 의견으로는 이론 물리학은 모든 부분에 공통된 탐구 방법을 가진 하나의 과학이었습니다. Landau는 그의 경력 초기에는 모든 사람의 "최저 이론 소양"을 직접 살펴보았습니다. 나중에 지원자가 엄청나게 증가하자 그의 동료들도 지원자를 살펴보기 시작했습니다. 그럼에도 불구하고 그는 항상 젊은 학생들과의 첫 만남을 지켰습니다. 그와 대화를 나누고 싶은 사람은 누구나 그렇게 할 수 있었으며, 그에게 전화를 걸어 자신이 바라는 바를 표현하기만 하면 되었습니다.

물론, "최저 이론 소양"을 공부하기 시작한 모든 사람들이 모두 시험에 합격할 만큼 똑똑하고 끈질기진 못했습니다. 1934년에서 1961년 사이에 겨우 43명의 학생만이 시험을 통과했습니다. 이런 선발의 효율성은 다음에서 확인할 수 있습니다. Landau의 "최저 소양"을 통과한 43명 중 7명은 소련 과학 아카데미(Soviet Academy of Sciences) 회원이었고 23명은 "과학 박사" 칭호를 받은 물리학자들이었습니다.

1937년 가을에 Landau는 Moscow로 이사하여 Institute for Theoretical Problems(이론 문제 연구소)의 이론 부서의 부서장이 되었습니다. 거기서 그는 세상을 떠날 때까지 근무했습니다. 그곳에서 그의 다원적인 활동은 절정에 이르렀으며 실험 물리학자들과 놀라운 협력을 통해 그는 "양자 액체 이론"(The theory of quantum liquids)[9]을 창안했습니다.

국제적 명성 INTERNATIONAL RECOGNITION

그의 장점은 Institute for Theoretical Problems(이론 문제 연구소)[10]에서도 인정을 받았습니다. 1946년에 그는 Soviet Academy of Sciences(소련 과학 아카데미)의 정회원으로 선출되었습니다. 그에게는 두 개의 "Lenin 훈장"을 포함하여 많은 영예가 수여되었고 그는 "Hero of Socialist Labour"(사회주의 노동 영웅) 칭호를 받았습니다. 이 칭호는 그의 과학적인 업적뿐만 아니라 정부 과제의 실질적인 해결에 기여한 공로를 인정받은 것입니다. 그는 1962년에는 3회의 정부 표창과 Lenin 상(Lenin Prize)을 수상했습니다. 다른 나라에서도 그에게 많은 영예를 수여했습니다. 1951년과 1956년에 그는 Denmark와 Netherland의 과학 아카데미(Academy of Sciences) 회원으로 선출되었습니다. 1959년에는 British Physical Society이 회원이 되었고 1960년에는 British Royal Society(영국 왕립 학회)의 외국인 회원이 되었습니다. 같은 해에 그는 미국 National Academy of Sciences(국립 과학 아카데미)와 미국의 American Academy of Arts and Sciences(미국 예술 과

---

9   Landau의 양자 액체 이론의 기본 개념은 "상호작용하는 실제 Fermi 입자들(interacting Fermions)로 이루어진 계—"Fermi liquid"라 일컬음—의 낮은 들뜸 상태(low-lying excitations)들은 상호작용하지 않는 이상적인 Fermi 입자들(noninteracting ideal Fermions; ideal Fermi gas)의 낮은 에너지 상태에 그 입자들 사이의 상호작용을 '적절하게 서서히' 켬으로써 구성해 낼 수 있다"는 것임.

10 Landau는 1937년~1962년 기간에 Institute for Physical Problems의 이론 연구부를 이끎.

학 아카데미)의 회원이 되었습니다. 마지막으로 그는 1962년에 "응집 물질 이론 특히 액체 거동에 대한 선구적인 연구"(pioneer investigations in the theory of condensed matter, especially of the liquid behaviour)로 노벨 물리학상을 수상했습니다.

Landau는 자신의 학생들에게만 과학적으로 큰 영향을 끼친 것이 아닙니다. 그는 평생의 과학적 삶에서 매우 민주적이었으며 결코 어렵고 격식을 차리는 말로 젠체하지 않았고 높은 지위에 대한 관심이 없었습니다. 누구나 그에게 조언을 구할 수 있었고 그의 대답은 항상 명확하고 예리했습니다. 오직 한 가지 조건만 충족해야 했으며, 그것은 실질적인 문제에 대해서만 말하고 그가 전혀 좋아하지 않는 탁상공론적인 문제에 대해서는 말하지 않는 것이었습니다. 그의 지성은 날카롭게 비판적이었고, 주어진 문제의 물리적 의미에 대한 깊은 이해와 더불어, 그와의 토론을 매우 매력적이고 효과적이게 만들었습니다.

토론에서 그는 열정적이었고 예리했지만 거칠지는 않았으며, 재치 있지만 빈정대지는 않았습니다. 대학교에 있는 그의 연구실 문에는 "L. D. Landau, Warning—he bites!"(L. D. Landau, 그에게 물릴 수 있으니 조심!)라고 적힌 글을 읽을 수 있었습니다.

그는 나이가 들면서 그의 기질과 태도는 부드러워졌지만 타협하지 않는 과학적 열정은 그대로였습니다. 사실, 사람들은 그의 외적인 날카로움 너머로 항상 그의 공평무사함, 위대한 인간애, 그리고 선량함을 목격할 수 있었습니다.

Landau의 과학적 개성과 재능은 그를 그의 학생들과 공동 연구자들에게는 최고의 권위 있는 과학 추천인의 자리에 오르게 하였습니다. 의심할 여지없이, 이러한 부분에서의 그의 활동과 과학적, 윤리적 권위는 소련 이론 물리학의 높은 수준을 확립하는 데 상당한 기여를 했습니다.

착상 목록 THE STOCK OF GOLD

그의 지식의 원천은 수많은 그의 제자들과 동료들과 친밀하고 지속적인 과학적 접촉을 유지하는 데 있었습니다. 그의 일하는 방법의 구체적인 특징은 그가 Kharkov에 머무는 것을 시작으로 평생 동안 과학 논문과 서적을 거의 읽지 않았다는 것입니다. 그럼에도 불구하고 그는 항상 물리학 영역의 새로운 것은 무엇이든지 알고 있었습니다. 그는 그가 이끌었던 세미나 뿐만 아니라 많은 토론을 통해서도 그 자신의 학식을 찾아내었습니다. 이 세미나는 일주일에 한 번씩 정기적으로 거의 30년 동안 열렸으며, 마지막 몇 년 동안은 모스크바 전역에서 온 이론 물리학자들의 모임이 되었습니다. 이 세미나에서 한번 강연하는 것은 그의 모든 학생들과 공동연구자들의 의무였으며 그 자신은 강연 자료를 매우 신중하고 정확하게 선택했습니다. 그는 물리학 전반에 걸쳐서 관심이 있고 능숙했습니다.

그 세미나에 참가하는 이들에게는 Landau가 한 분야에서 다른 분야로 전환했을 때 그의 아이디어를 따라가기가 항상 쉬운 일은 아니었습니다. 그는 강연에 경청하는 것이 결코 단순한 형식이라고 생각하지 않았습니다. 그는 주어진 연구의 장점이 분명해질 때까지는 흡족해 하지 않았고, 모든 것이 증명되고 "왜 이런 식으로는 안 되는가?"라는 모든 의문이 풀릴 때까지는 만족하지 못 했습니다. 세심한 배려와 비판으로 많은 연구들이 '걷잡을 수 없다는 것'으로 판명나면 그는 그 일에 대한 흥미를 완전히 잃었습니다. 반면에, 새로운 아이디어와 결과를 포함하는 논문은 그의 소위 "착상 목록"에 수록되었고, Landau는 항상 그것을 염두에 두었습니다. 사실, 그에게는 작업의 주요 아이디어 만을 알고 모든 결과를 추론하는 것으로 충분했습니다.

Landau에게는 대부분의 경우에 결과를 얻기 위해 논문 저자의 방법을 자세히 공부하는 것보다 자신의 방식으로 얻어내는 것이 더 쉬웠습니다. 그래서 그는 이론 물리학의 모든 영역에서 대부분의 기본 결과들을 재현하고 곱새겼습니다. 이것이 아마도 거의 모든 물리적 질문에 대답하는 그의 경이로운 능력의 근원일 것입니다. Landau의 과학적 스타일은 단순한 것을 더 복잡한 것으로 전환시키려는 경향에 맞서는 것이었습니다. 이 경향은 현재 안타깝게도 널리 퍼져 있으며 그는 이에 정반대로 복잡한 것을 더 단순한 것으로 바꾸도록 요구했습니다. 즉, 현상을 지배하는 자연의 주요 법칙을 가장 명확한 방식으로 설명하는 것입니다. 이를 해 낼 수 있는 능력, 즉, 그의 말을 빌리자면, "일을 더 자명하게 만들기"는 각자의 자긍심의 문제였습니다.

Landau 지성의 일반적인 특징은 단순함과 질서를 추구하는 것이었습니다. 우리는 이 점을 그가 심각한 문제들을 다루는 방식 뿐만 아니라 모든 문제에서 찾아볼 수 있습니다. 예를 들어, 그는 이론 물리학자들을 과학에 대한 기여도에 따라 구분하였으며, 로그 스케일로 5개의 등급을 두었습니다. 그러므로, 두 번째 등급의 물리학자는 세 번째 등급의 물리학자보다 10배 더 많이 출간했습니다. (다섯 번째 등급은 "걷잡을 수 없이 낮은" 경우들을 포함했습니다.) 이 척도에서 Einstein은 0.5등급에 속했고 Bohr, Heisenberg, Schrödinger, Dirac 및 그 밖의 몇 명은 1등급에 속했습니다. 그는 자신을 2.5등급에 속한다고 겸손하게 생각했으며, 비교적 늦게서야 자신을 2등급에 넣었습니다.

그는 항상 책상이 아니라, 일반적으로 등받이와 팔걸이가 있는 그의 소파에서 매우 열심히 일했습니다. 그에게 주된 자극제는 명성을 얻기 위한 노력이 아니라 고갈될 줄 모르는 호기심, 크고 작은 징표 안에 있는 자연의 법칙들에 대한 지식에 대한 무궁무진한 열정이었습니다. 그는 종종 "아무도 자신만의 목표에 맞추거나 자신만의 위대한 발견을 찾아 나서는 것은 결코 용납될 수 없으며, 이는 단지 자신을 오도할 뿐이다."라고 되풀이하곤 했습니다.

Landau의 관심 분야는 물리학 외에도 매우 넓었습니다. 정밀 과학 외에도 그는 역사에 대해 좋아했고 잘 이해하고 있었습니다. 그는 음악과 발레를 제외한 모든 종류의 예술에 매우 관심이 많고 깊은 영향을 받았습니다.

오랜 세월 동안 그의 제자이거나 친구였던 운 좋은 사람들은 Dau—우리는 그를 이렇게 칭함—는 늙지 않을 것이라고 알고 있었습니다. 그의 동료의 일원으로 지내온 일이 결코 지루하지 않았습니다. 그의 성격의 총명함은 결코 줄어들지 않았고 그의 과학적 능력도 약화되지 않았습니다. 그러므로, 그의 눈부신 활동이 그 전성기에 갑자기 멈추게 됨은 어이없으며 너무도 가혹합니다.

찾아보기

다중 생성(multiple production) 88
대칭 양자화(symmetric quantization) 130
동시적 사건들 80
등가 원리(principle of equivalence) 132

| ㄱ |
가상 실험(fictitious experiments) 84
각운동량(angular momentum) 66
거대 과학 106
결합 에너지 38
겹침(degeneracy) 93, 94
고高에너지 물리학(high energy physics) 38
고유값 방정식(eigenvalue equation) 47
고전물리학 5
관측 가능한 양(observable quantities) 72
광양자(photon) 59
광전 붕괴(photoelectric disintegration) 25
광전효과(photoelectric effect) 5
교환 관계식(commutation relations) 51
교환자(commutators) 51
국소장(local field) 91
군론群論(group theory) 29
군속도(group velocity) 125
껍질 모형(shell model) 27

| ㄴ |
난류(turbulent flow) 75

| ㄷ |
다단계 이론(cascade theory) 91

| ㄹ |
랍비학 115

| ㅁ |
멈춤 능력(stopping power) 17, 22
무질서(disorder) 29
무한대 항 89
물질파 81
물질파(matter waves) 81
물질-파동 이중성 83
뮤온형 원자(muonic atom) 40
밀도 행렬(density matrix) 137

| ㅂ |
바닥 상태(ground state) 93
반反교환(anticommutation) 관계 65
반反물질(antimatter) 86
반反대칭 양자화(antisymmetric
　　quantization) 130
반半정수(half integer) 63
반입자들(antiparticles) 86
반자성(diamagnetism) 이론 138
반전자(antielectrons) 86
발산성(divergences) 55
배위 공간(configuration space) 130
배진동(overtones) 124

베타 붕괴 31

벡터(vectors) 48

변위 전류(displacement current) 45

보통 물질(normal matter) 86

보편 길이(universal length) 90

복합 핵(compound nucleus) 27

부정不定 메트릭(indefinite metric) 90

분산 공식(dispersion formula) 27, 127

분자의 해리解離 과정 108

불확정성 원리(uncertainty principle) 47, 52

비非가환 대수학(noncommutative algebra) 50

비非조화 진동자(anharmonic oscillator) 70

비가환성(noncommutation) 51

비정상 Zeeman 효과(anomalous Zeeman effect) 63

비정상 자기 모멘트(anomalous magnetic moment) 58

비탄성 산란(inelastic scattering) 18

▌ㅅ▐

사이클로트론(cyclotron) 26

산란 단면적(cross section) 20

산란 진폭(scattering amplitude) 18, 20

산란 행렬(scattering matrix) 89

상보성(complementarity) 83, 129

선형 진동자(linear oscillators) 64

섭동 문제(perturbation problem) 65

세겹항 상태(triplet state) 24

소용돌이(eddies) 75

솔베이 회의(Conseil Solvay) 84

수학적 아름다움 45

스칼라(scalar) 48

스피너(spinor) 52, 53

스핀(spin) 49

시공간(space-time) 48, 137

쌍 생성(pair creation) 88

▌ㅇ▐

안개 상자(cloud chamber) 69

양성자-양성자 연쇄(proton-proton chain) 반응 15

양자量子(quantum) 5, 46, 119

양자 도약(quantum jumps) 80

양자 액체 이론(theory of quantum liquids) 141

양자 이론(quantum theory) 55

양자 전기동역학(quantum electrodynamics) 34, 55, 88

양자 조건(quantum conditions) 71

양자수(quantum number) 18

양자역학 5

양자장 이론(quantum field theory) 89, 130

양자화 가설 5

양자화기量子化器(quantizer) 120

양전자(positrons) 54, 113

에너지띠(energy bands) 28

열핵화 과정 15

오디세이(Odyssey) 114

우주 소나기(cosmic-rays showers) 91

우주론 44

우주론적 추론(cosmological speculation) 44

운동학 방정식(kinetic equation) 139

원소 주기율표 66

원자력 에너지 16

원자론(atomism) 119

원자의 주기율 43

유도 방출(stimulated emission) 46

유수留數(residues) 56

이중성(duality) 82

일반화된 장 이론(generalized field theory) 130

| ㅈ |

자연의 상수(constants of nature) 44

자체 에너지(selfenergy) 33, 59, 130

장場 방정식(field equation) 92

장 이론(field theory) 90

재규격화(renormalization) 33, 58

전자 기체(electron gas) 138

전자 이론(electron theory) 131

절단(cut-off) 과정 56

절대 시간(absolute time) 72

정상 상태(normal state) 77

정상상태(stationary state) 127

정준 분포(canonical distribution) 118

정지 파동(standing wave) 120

제일 원리(first principles) 22, 40

조화 진동자(harmonic oscillator) 122

종의 기원 116

주 계열 항성 15

주기성 가설(periodicity hypothesis) 132

중력 방정식 123

중력 법칙(law of gravitation) 46

중양성자(deuteron) 23

진공 에너지 요동(vacuum energy fluctuation) 55

진공(vacuum) 54

질량 중심 좌표계(center-of-mass coordinates) 23, 108

질서(order) 29

| ㅊ |

총단면적(total cross section) 19

최고 고수(grand master) 61

최저 이론 소양(theoretical minimum) 135, 139

측지선(geodesic) 123

층류 흐름(laminar flow) 74

| ㅋ |

코끼리의 아이 116

| ㅌ |

탄성 산란(elastic scattering) 17

탄소 순환 고리(carbon cycle) 15, 30

텐서(tensors) 48

통계적 해석(statistical interpretation) 52, 125

특성 행렬식(secular determinant) 65

특수 상대성 이론 5

| ㅍ |

파동면(wavefront) 120
파동역학(wave mechanics) 80
파동함수(wave function) 52
표면 에너지 39
프랑크-헤르츠 실험 99
플라즈마 15

| ㅎ |

합 규칙(sum rule) 19
해석 함수(analytic function) 78
핵자(nucleons) 39
행렬 이론 124
행렬(matrix) 47
행렬역학(matric mechanics) 47, 49
현대물리학 3
홑겹 상태(singlet state) 24
확률 진폭 74
확률 파동 74
흑체 복사(black-body radiation) 5, 45

| B |

Bohr 이론 21, 63, 66
Born 근사 계산법 18
Bohr 축제(Bohr festival) 67
Brueckner의 이론 38
β-붕괴 92

| C |

Compton 산란(Compton scattering) 51

| E |

Ehrenfest 정리(Ehrenfest theorem) 126

| F |

Fermi 입자 142
Fermi 표면(Fermi surface) 28

| G |

Galilei 군 87

| H |

Hamilton 역학 130
Hamilton-Jacobi 방정식 120, 121
Heisenberg 묘사(Heisenberg picture) 58
Hilbert 공간 90

| I |

isospin 92, 113

| K |

Klein 역설(Klein paradox) 113
Klein-Gordon 방정식 52, 56
Klein-Nishina 공식 113, 131
Kuhn-Reiche-Thomas 합 규칙 19, 71

| L |

Lagrange 함수(Lagrangian function;
    Lagrangian) 102
Lamb 이동(Lamb shift) 16, 32, 55
Landé 공식 64
Laplace 방정식 18

laser 46

Lorentz 군 87

| M |

Maxwell 방정식 123

| N |

Noether 정리(Noether's theorem) 75

| P |

Paschen-Back 효과 65

Planck 공식 129

Planck 양자 108

Poisson 괄호(Poisson bracket) 51

Poisson 방정식 18

| Q |

q 수(q numbers) 71

| R |

Rayleigh 공식 129

Reynolds 수 75

| S |

Sam Goudsmit 분류 17

Schrödinger 묘사(Schrödinger picture) 57

Sirius A 31

SU(2) 군 92

S-행렬(S-matrix) 89

| W |

Weizsäcker 공식 39

| 기타 |

3체 문제(3-body problems) 67

4차원 공간 121

5차원 Riemann 기하학 123

5차원 연구 131

새로운 물리학을 찾아서
-현대물리학을 낳은 거장들의 이야기

초판 인쇄 | 2022년 3월 2일
초판 발행 | 2022년 3월 5일

지은이 | 박성균·이경수
펴낸이 | 조승식
펴낸곳 | (주)도서출판 북스힐

등 록 | 1998년 7월 28일 제22-457호
주 소 | 서울시 강북구 한천로 153길 17
전 화 | (02) 994-0071
팩 스 | (02) 994-0073

홈페이지 | www.bookshill.com
이메일 | bookshill@bookshill.com

정가 15,000원

ISBN 979-11-5971-419-1